Simon Tseytlin

Origin of Planetary Magnetic Fields

Simon Tseytlin

Origin of Planetary Magnetic Fields

The Origin Magnetic Fields and Inverisians of Planets and Creation of Pure Energy Sourceby using Earth Magnetic Field

GlobeEdit

Imprint

Cover image: Provided by the author

Publisher:
GlobeEdit
is a trademark of
Dodo Books Indian Ocean Ltd. and OmniScriptum S.R.L publishing group

120 High Road, East Finchley, London, N2 9ED, United Kingdom
Str. Armeneasca 28/1, office 1, Chisinau MD-2012, Republic of Moldova, Europe
Managing Directors: Ieva Konstantinova, Victoria Ursu
info@omniscriptum.com

Printed at: see last page
ISBN: 978-620-0-62360-7

СОДЕРЖАНИЕ

As of yet there is no accurate theory explaining creation and maintenance of planetary magnetic fields. There are several hypotheses, theories and experiments trying to find a solution to this problem, but there is no final, rigorous proof of these hypotheses.

This article discusses the hypothesis that the main reason for the emergence and maintenance of this field is because of the charges in planet's atmosphere and ionosphere and their recharging by the solar wind.

Origin of Planetary Magnetic Fields

S. Tseytlin, Dr. of Sc., D. Tseytlin (Tseytlin-Consulting Inc.)

As of yet there is no accurate theory explaining creation and maintenance of planetary magnetic fields. There are several hypotheses, theories and experiments trying to find a solution to this problem, but there is no final, rigorous proof of these hypotheses.

This article discusses the hypothesis that the main reason for the emergence and maintenance of this field is because of the charges in planet's atmosphere and ionosphere and their recharging by the solar wind.

Following are a number of estimates, which show the validity of this approach.

1. Let's concentrate on Earth first. The solution for the magnetic field of a rotating surface of a charged sphere is discussed in ([1], [2]). The magnetic moment of a rotating sphere is

$$\vec{m} = \frac{Qa^2\vec{\omega}}{3c}$$

where:

$R = 6{,}340{,}000$ m - radius of Earth,

$\omega = 7.3 \cdot 10^{-5}$ 1/sec - speed of rotation of the Earth,

$c = 300{,}000{,}000$ m/sec - speed of light.

It is known [1] that the Earth's magnetic moment is $M = 8 \cdot 10^{25}$ units CGS. Then, knowing the magnitude of the moment of Earth's magnetic field M, we define the quantity required for this electrical charge.

$$Q = 0.245 \cdot 1023 \text{ CGS} = 8.1 \times 10^{13} \text{ C}.$$

It should be noted that a more accurate estimate of the charge can be made based on the assumption that the charge is in a spherical layer of Earth's surface and has a thickness equal to a few hundred kilometers, giving approximately the same value $7.5 \cdot 10^{13}$ C.

2. On the other hand it is known (for example [3]), that the Earth has a charge on the order of:

$$Q_{Earth} = 5.7 \cdot 10^{5} \text{ C}.$$

It follows that it is not enough to create Earth's magnetic field.

Suppose that there is an additional charge of a different nature, creating it.

Let's determine its nature.

3. We need to pay attention to the following circumstances:

3.1 Earth has a strong magnetic field. Venus, Mars and most other planets have magnetic fields hundreds of times less.

3.2 Only Earth has air and water! This allows us to make the hypothesis that the Earth's magnetic field is due to the charge of the clouds. Its value is enormous.

It is known that a lightning discharge power reaches 100 Megawatt and every second around the Earth there happen 46 lightning discharges.

Let's estimate the charge of the clouds, assuming that the system consisting of clouds and the surface of the ground forms a spherical capacitor. It is known that: $Q_c = C \cdot U$, where the capacity of a spherical capacitor is:

$$C = \frac{4\pi E_{ps} R_1 R_2}{R_1 - R_2}$$

where:

R_1, R_2 – outside and inside radius of the sphere: R_1 = 6350 km, R_2= 6340 km,

$E_{ps} = 8.85 \cdot 10^{-12}$,

It should be noted that, given that water has relative permittivity of 80, the capacity of the cloud layer may be higher by one or more orders. That yields us approximately C = (0.45-4.5) Farads.

Let's estimate the potential difference U between the clouds and the Earth's surface. We take E = (10-30) Kilovolt to 1 cm as voltage of air breakdown. Then:

$$U = E \cdot H = 3 \cdot 10^6 \cdot H \text{ Volt},$$

where

$H = (1\text{-}10) \cdot 10^3$ m - height of the clouds.

The result is an upper bound of the charge of the clouds on Earth:

$$Q_{1\,max} = C \cdot E \cdot H = 4.5 \cdot 3 \cdot 10^6 \cdot 10^4 = 1.35 \cdot 10^{11}\ C.$$

It should be noted, that deposits of iron and nickel in the upper part of the crust, can also increase the magnetic field of the Earth.

As a result, the charge of the clouds can create a sufficiently strong magnetic field commensurate with the Earth's magnetic field.

4. The following additional estimate of Earth's magnetic field gives approximately the same result.

The work [4] contains an assessment of the charge densities of thunderclouds.

At any given time in the world there are simultaneously about a thousand storms, the average frequency of lightning discharges is estimated as 46 per second. The storms are unevenly distributed on the planet's surface.

As a result, of calculations and experiments given in the work, the density of the charge is in the range $q = (9\text{-}280) \cdot 10^{-9}\ C/m^3$. Then, taking the amount of cloud cover in the form $V = 4\pi \cdot R^2 \cdot H$, where $H = 1000$ m - thickness, we get:

$$V = 50 \cdot 10^{17}\ m^3$$

Then we obtain an estimate of the charge of storm clouds on Earth, which varies in the range of

$$Q_1 = V \cdot q = (4.5\text{-}140) \cdot 10^{10}\ C.$$

Assuming that the storm clouds take up one-tenth of the sky, and they have the lowest charge density, we get a lower estimate of the charge equal to

$$Q_{1\ min} = 4.5 \cdot 10^{9}\ C.$$

The maximum estimate will then be equal to

$$Q_{1\ max} = 1.4 \cdot 10^{11}\ C,$$

which practically coincides with the estimate obtained in the previous section.

This evaluation indicates that the charges inside Earth's atmosphere can be a major contributor to Earth's magnetic field. However, they are not enough. Additional contributors could be the presence of iron in the Earth's crust and charges in the Earth's ionosphere.

5. One of the missing links in determining the Earth's magnetic field may be the effect of the upper layer of the earth's crust to a depth of 15 kilometers, where the iron and nickel deposits are located, which have a temperature below the Curie point (equal to 768 degrees Celsius). The deposits of iron and nickel make up 5% of the total weight of the Earth's crust and 30% of its volume. They may influence the magnitude of the magnetic field of the Earth, increasing it by a few times. Note that the total amount of iron in the world has not changed over time. Even though some was removed from the Earth's crust, it is still on its surface.

6. This theory of occurrence of Earth's magnetic field can also explain the presence and magnitude of the magnetic field of other planets.

6.1. This is especially true of Venus. Venus is the most Earth-like planet that does not have a strong magnetic field, but the internal structure is thought to be very similar. Venus has an ionosphere and an atmosphere, consisting mainly of CO_2 gas, which have a certain electrical capacity, and which are constantly recharged by the solar wind like on Earth. It should also be noted that the length of day on Venus is more than 243 times greater than on Earth. Thus the velocity of charges in the ionosphere of Venus is hundreds of times slower than in the Earth's ionosphere, which explains why the magnetic field of Venus is less than the magnetic field of the Earth by 300 or even more times.

6.2. Consider Mercury. It is well known that its magnetic field is more than a hundred times smaller than the Earth's one. On the other hand the length of its day is over 58 times longer than on Earth, and its radius is 2440 km. It follows that the velocity of negative charges in the ionosphere of Mercury is 152 times slower than the Earth's ionosphere. This may explain the decrease in its magnetic field, as compared to Earth.

The site [7] indicates that the measurement of the magnetic field of Mercury is 0.006 of the magnetic field of the Earth. That means it's 150 times smaller, which coincides with our assessment!

6.3. Let's consider now the magnetic field of Jupiter. It is known that Jupiter has a magnetic field approximately 20 times greater than the Earth.

It is known that the radius of Jupiter is 11 times greater than the radius of Earth, and the rotational speed is 2.4 times greater. So the velocity of the charges in the ionosphere of Jupiter in 26.4 times greater than the Earth's ionosphere. Measurements have shown that the magnetic field of Jupiter is 20-50 times greater than the magnetic field of the Earth. In this case, the magnetic field of Jupiter calculated via the present theory also gives good agreement with the measurement!

6.4. Mars seems not to be subject to existing theories. The magnetic field of Mars is extremely small - more than 500 times weaker than the magnetic field of Earth. The size of Mars is only half smaller and its rotational speed is similar to Earth. Therefore all the conditions for the operation of the mechanism similar to hydrodynamic dynamo should similarly create a magnetic field. However, the difference in the observed magnetic field is due to the actual current lack of Mars's atmosphere and ionosphere. The pressure of the atmosphere at the surface of Mars is 160 times smaller than the Earth. This proves that the source of the magnetic field depends on the presence of the ionosphere, because the rest of the parameters of the planets are somewhat similar. Analysis of tectonic rocks shows that at some time in the past, the magnetic field of Mars was quite noticeable and demonstrated reversal of the magnetic field. We know that the loss of Martian atmosphere is relatively recent, and the process still continues right now. The lack of atmosphere and magnetic field are the main reason for the absence of life on Mars, but does not rule out its existence in the past. There exist several hypotheses of the cause of the loss of Martian atmosphere, but we will not dwell on them.

The fact is that in the absence of an atmosphere and ionosphere a planet's magnetic field cannot exist.

Thus we have another indication that magnetic fields of planets exist due to their atmosphere and ionosphere. If the hydrodynamic dynamo mechanism actually applied instead, it would have continued to work on Mars and produced a magnetic field similar to the Earth's magnetic field.

7. Let's put the data on several planets in one table.

Planet	Diameter [km]	Rotation [hr]	Relative Magnetic Field	Relative Atm. Pressure

Mercury	4879	1411	0.006	0.001
Venus	12104	5851.2	0.003	93
Earth	12742	24	1	1
Mars	6779	24.6	0	0.06
Jupiter	139822	9.92	25	12

Table 1

From Table 1 we can make the following conclusions:

7.1. On planets with no atmosphere and no ionosphere, the magnetic field is either negligible or not present (Mercury, Mars).

7.2. From the comparison of Earth and Mars, if the hydrodynamic dynamo hypothesis were right, then they would have both had a magnetic field. But only Earth has one! **So the hydrodynamic dynamo hypothesis is incorrect.**

7.3. Radiuses and rotational speeds of the planets determine the velocity of the charges in the ionosphere. And hence the current.

It follows that on the planets that have an atmosphere and ionosphere, where the magnetic field is generated according to our hypothesis - from the solar wind, its strength should be proportional to the linear velocity of the ionosphere, so we could multiply the radius by the angular speed!

Indeed Venus, which has a radius slightly smaller than Earth, but with rotating 243 times slower, the strength of the magnetic field is nearly 300 times smaller. Jupiter, which has a radius of 11 times larger than the Earth and rotating with an angular velocity 2.4 times faster than the Earth, the magnetic field is ~25 times greater.

These estimates confirm the correctness of our hypothesis that the mechanism of creation of the Earth's magnetic field is by moving charges in the ionosphere, which are created by solar wind.

Hence, our hypothesis of the emergence and maintenance of the Earth's magnetic field is a better explanation then the hydrodynamic dynamo hypothesis of its origin.

8. Note that the present hypothesis about the cause of Earth's magnetic field makes it easy to explain not only the origin of the field, but also the geomagnetic field inversion that occurs every several hundred thousand years in a stochastic manner.

Analysis of the Earth's magnetic field, conducted with the help of satellites and modeling has shown that the solar wind currently bends around it, because it mainly contains electrons with negative charge (Fig. 1). In case of a positive charge in the solar wind the form of Earth's magnetic field would have been different.

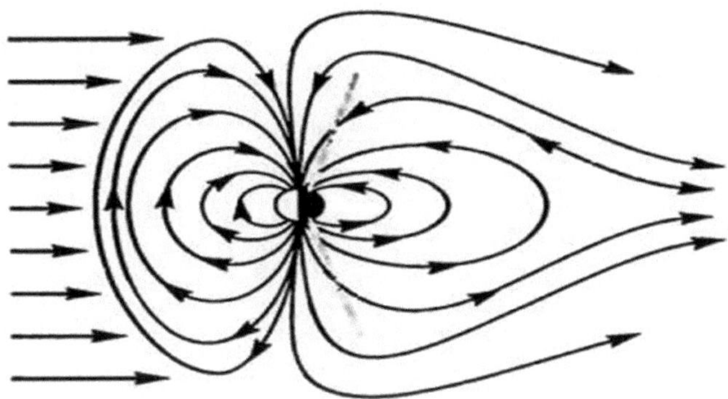

Fig.1 – Magnetic field of Earth

Solar wind is a stream of charged plasma, ejected from the surface of the Sun that overcomes the gravity and the magnetic attraction of the sun and propagates in all directions. Part of this wind reaches the Earth's ionosphere and charges it with a negative charge. The ionosphere contains the so-called E and F layers [6] (Fig. 2) created by the solar wind, located in the region of 90 to 500 km above the surface of the Earth and having electron density in the range of $N_e = (1.5\text{-}30) \cdot 10^5$ per cubic centimeter [3]. The average value of the electron density there is $N_e = 10^6$ $1/cm^3$.

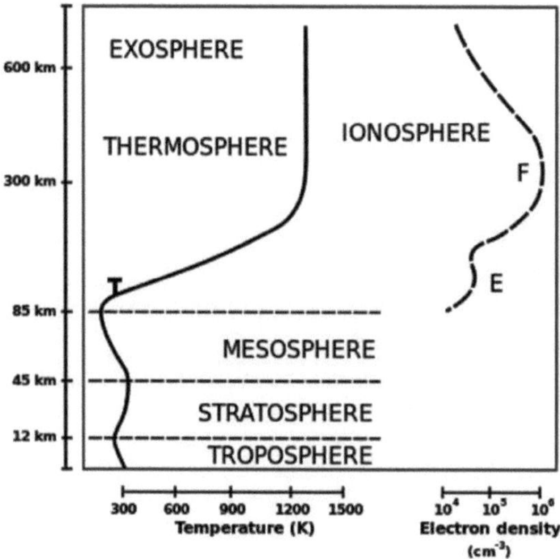

Fig. 2 – Distribution of electron density and temperature vs. height.

As the thickness of the E and F layers is up to H = 500 km, it is easy to estimate their total charge. It is

$$Q = Q_e \cdot R^2 \cdot 4\pi N_e \cdot H = 1.6 \cdot 10^{-19} \cdot 41 \cdot 10^{16} \cdot 12.6 \cdot 10^6 \cdot 5 \cdot 10^7 = 4.14 \cdot 10^{13}\ C$$

Where $Q_e = 1.6 \cdot 10^{-19}$ C is the charge of an electron.

We have demonstrated that the charge of the E and F layers of the ionosphere, and considering the additional effect of the iron contained in the upper layer of the Earth's crust, would be sufficient to establish, or at least make a major contribution to the formation of Earth's magnetic field.

It should be noted that due to the constant ejection of negatively charged particles as part of the solar wind, the Sun gradually gains an excess positive charge. This leads us to the fact that periodically, every few hundred thousand years, the sun begins to emit positively charged gigantic coronal mass ejections (predominantly due to their content of positive ions and protons), dimensions reaching several thousand kilometers. Therefore the solar wind starts bearing a positive charge, and when it reaches Earth it recharges its electric and magnetic fields.

As a result through some period equal several thousand years, the Sun again becomes neutral in charge and starts letting out negatively charged wind again.

This results in the next inversion of the magnetic field of Earth. The recharge of the magnetic field of Earth can occur as well as a result of collision of Earth with big comets which can be charged either negatively or positively, depending on the sign of the charge of the star which the comet encountered before it.

So the process of inversion of the magnetic field of Earth can be explained easily on the basis of the offered hypothesis.

9. Now we will briefly discuss other approaches to explanation of emergence of the Magnetic Field of Earth. First of them is the

explanation of emergence of the magnetic field of Earth via the mechanism of thermal convention in its liquid magma. Such hypothesis is based on the analogy of the mechanism of emergence and maintenance of a magnetic field of the Sun.

However a simple analysis shows that in the conditions of Earth this mechanism can't work because of a difference of scales and magnitudes of density and viscosity of the fluids and gradients of temperature existing on the Sun and Earth. It is known that a large gradient of temperature and presence of low viscosity fluid is necessary for effective thermal convection. But gradient of temperature of terrestrial magma from the top part adjoining the crust (700 °C), and the deeper part, adjoining the kernel (6000 °C) over the distance about 3000 km, gives the top assessment of average gradient of -2 °C per kilometer.

It is less than in crust of Earth and considering that viscosity of magma, even at a temperature of 4000 °C is very high – it is possible to draw a conclusion that under these conditions in Earth there can NOT be considerable thermal convection!

It should be noted also that maintenance of a magnetic field of Earth requires a lot of energy. As any electromagnetic generator has to use a rotating rotor, the role of which plays the Earth. Thus there are forces and inductive currents braking it. It needs additional energy to maintain constancy of speed of its rotation, or it has to slow down, losing rotational speed. But over millions of years Earth's rotational speed almost didn't change.

This proves that on Earth there are insufficient conditions for operation of the mechanism of a hydro magnetic dynamo.

For comparison, on Sun temperature changes over depth from 6000 to 15,000,000 $^{\circ}$ C, and the fluid is represented by plasma (the ionized gas) density of which is one hundred times less than magma's, and viscosity of magma is one thousand times lower than viscosity of plasma. Under these conditions there can in fact exist strong magnetic fields thanks to the mechanism of a hydrodynamic dynamo.

10. Consider the following as further proof that magnetic field of Earth is due to the sources outside of its volume. The Earth's crust up to about 15 kilometers deep has the condition that temperature is less than the Curie's point, and this is where the fields of iron and nickel lie, making

about of 5% the crust's volume. When magnetic field of Earth is measured along its surface, it is greater in the regions where iron and nickel are present. But if the source of magnetic field is internal, the opposite effect should have been true, as metal would shield the field. Therefore the hypothesis about the sources of magnetic field of Earth being of external nature is true. And consequently, the version and the carried-out estimates about location of these sources in the atmosphere and an ionosphere of Earth are correct.

11. We will note that by means of the offered hypothesis it is easy to explain discrepancy between the geometric axis of Earth and the axis of the magnetic field of Earth (shift of magnetic poles).

This phenomenon arises because of an inclination of a geometrical axis of Earth to Earth orbit plane of 23.4 degrees. In this connection the solar wind falls on Earth surface at an angle.

12. Thus only the charges brought from the outside (solar wind or comets) and the charges resulting from formation of drops of a rain in clouds can constantly recharge the atmosphere and an ionosphere, allowing to create and support the magnetic field of Earth.

And the magnetic field of the atmosphere of Earth can serve as the initial starter of creation of the Magnetic field of Earth, originally braking and guiding electrons of the Solar wind at a tangent to Earth surface.

The carried-out estimates showed that the total charge of Earth, clouds and the ionosphere can provide emergence and existence of the magnetic field of Earth. And the charges arising in atmospheric clouds constantly are supported by the water circulation in the nature, and the charge of ionosphere is constantly recharged by the streams of charged particles coming from the Sun.

Bibliography

1. Physics for Scientists and Engineers, Volume 2, by Raymond Segway, John Jewett
2. Introduction to Electrodynamics, 3rd Edition; Prentice Hall – Chapter 5, Post 36. Griffiths, David J.
3. Capstones in Physics: Electromagnetism, 1999 Oregon State University, P. Siemens
4. The electrical nature of storms/D.R. MacGorman, W.D. Rust., Oxford: Oxford Univ. Press, 1998. – 380 p.

5. Venus, from Wikipedia, free encyclopedia

6. Ionosphere, from Wikipedia, free encyclopedia.

Метод создания чистого источника энергии использующий энергию Солнечного Ветра , Магнитного Поля Земли и Инверсий

Др. С. Цейтлин , (Tseytlin Consulting Inc.)

Актуальность проблемы

Одной из самых важных проблем стоящих перед человечеством является снижения вредных выбрасов, возникающих при использовании для получения энергии углеводородов (нефти и газа) и угля. В настоящее время в связи с ростом населения Земли и увеличением потреблямой энергии для развития промышлености и транспорта, наблюдается заметное изменение климата Земли. Это связано с выделением огромного количества углекислого газа, который в свою очередь нарушает теплообмен в системе Земля-атмосфера приводит к изменению климата и загрязнению окружающей среды.

Если не остановить этот процесс это может привести к уничтожению среды обетания Земли и гибели цивлизации.

Всвязи с этим в настоящее время развивается научно-техническое напрвление создания чистых источников энергии, которые могли бы предовратить эту катастрофу.

Сущестуют несколько известных подходов к решению этой проблемы. Это использование гидроэнергии, солнечных батарей, энергии ветра и волн.

В преполагаемом изобретении рассматривается метод использующий энергию Магнитного Поля Земли (МПЗ), который является одним из самых чистых и дешёвых источников энергии.

Теоретические основы метода

Тесла ещё в начале 20 века указывал на возможность использования Магнитного поля Земли для получения чистого источника энергии. Согласно законам электродинамики для этого нужен контур проводника и изменение магнитного поля. (Генератор свободной энергии: схемы, инструкции, описание, как собрать (asutpp.ru)).

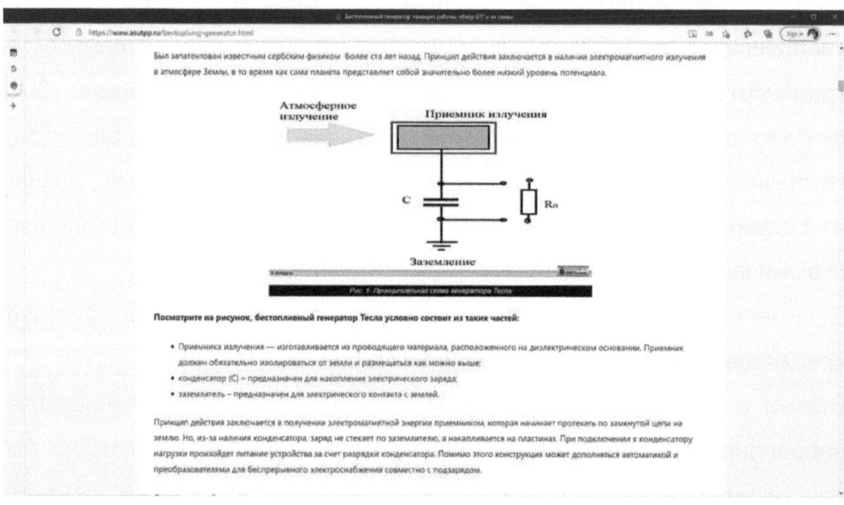

https://www.asutpp.ru/bestoplivnyj-generator.html

Был запатентован известным сербским физиком более ста лет назад. Принцип действия заключается в наличии электромагнитного излучения в атмосфере Земли, в то время как сама планета представляет собой значительно более низкий уровень потенциала.

Рис. 1. Принципиальная схема генератора Тесла

Посмотрите на рисунок, бестопливный генератор Тесла условно состоит из таких частей:

- Приемника излучения — изготавливается из проводящего материала, расположенного на диэлектрическом основании. Приемник должен обязательно изолироваться от земли и размещаться как можно выше;
- конденсатор (С) – предназначен для накопления электрического заряда;
- заземлитель – предназначен для электрического контакта с землей.

Принцип действия заключается в получении электромагнитной энергии приемником, которая начинает протекать по замкнутой цепи на землю. Но, из-за наличия конденсатора, заряд не стекает по заземлителю, а накапливается на пластинах. При подключении к конденсатору нагрузки произойдет питание устройства за счет разрядки конденсатора. Помимо этого конструкция может дополняться автоматикой и преобразователями для беспрерывного электроснабжения совместно с подзарядом.

Фиг. 1

Теоретически в настоящее время разработано несколько конструкций таких источников, но практическое использоваавние их пока не может быть осуществлено всвязи с тем что вблизи поверхности Земли магнитные поля имеют малую величину, даже если пытаться применять их вблизи полюсов где они максимальны.

Были попытки создания таких источников в районах Заполярья и вблизи Южного Полюса. Основой такого подхода является тот факт что вблизи полюсов сила магнитных полей максимальная (силовые линии сходятся к полюсам) и при магнитных бурях магнитные поля Земли меняются и являются источником Северного сияния, которые фактически и есть токи в ионосфере! И только при возникновении очередной Инверсии МПЗ магнитное поле будет менятся достаточно сильно в любой точке Земли. Те в этом случае можно легко и просто получить чистые и дешёвые источники энергии в любой точке Земли!

Прежде чем останавливаться на методах возможной реализации предлагаемого метода следует остановиться на уточнении теории возникновения магнитных полей и Инверсий Земли и Планет Солнечной Системы. Это позволит не только понять физику этих явлений , но и правильно определить практическую сферу их применения.

Известно что такое явление как Северное Сияние, связано с активностью Магнитного поля Солнца, которое в свою очередь связано с возникновением пертуберанцев- выбрасов на поверхности Солнца. Протуберанцы это огромные потоки плазмы , из которых формируется солнечный ветер , который устремляясь на миллионы километров от Солнца. Можно показать что имено Сонечный ветер несущий электрический заряд, достигая ионосфер планет создаёт магнитные поля на них и приводит к возникновению переодических Инверсий магнитных полей на них. (моя статья.)

В настоящей работе рассматривается теория , заключающаяся в том, что основной причиной возникновения и поддержания этого поля является атмосфера и ионосфера Земли, содержащие в себе заряды подзаряжаемые солнечным ветром. Был проведён ряд оценок, которые показали правильность этого подхода.

Приведём их краткое изложение.

Для этого кратко рассматрим теорию , заключающаяся в том, что основной причиной возникновения и поддержания Магнитных полей Земли и Планет является Солнечный Ветер и их атмосферы и ионосферы . Для этого проведём ряд оценок , которые покажут правильность этого положения.

Остановимся более подробно на новом объснении этих явлений.

Солнечный ветер

1) Действительно сначала докажем роль солнечного ветра возникающего из-за переодического возникновения пертобуранцев на поверхности Солнца. Солнечные протуберанцы это заряженные поля плазмы переодически возникающие на поверхности Солнца , преодолевающие гравитационное и кулоновское притяжение Солнца , вырывающиеся с поверхности Солнца. Причём частично вещество протуберанцев возвращается обратно в Солнце, а часть, в виде Солнечного ветра разлетается в разные стороны .

Остановимся подробнее на процессах форомирования Солнечного ветера. Как известно Солнце содержит изотопы водорода дейтерий и тритий, из которых возникает термолядерная реакция при достижении температукры в несколько миллионов градусов и давлений достигающих тысяч атмосфер. Кроме того в Солнце содержаться атомы Гелия получающиеся в результате термоядерной реакции.

В результате огромных токов внутри Солнца возникает огромное магнитное поле создающее пондомоторные силы удерживающие и сжимающие объём плазмы в Солнце. Иногда эта система теряет устойчивость и на поверхности Солнца возникают условия приводящие к выбросу огромного плазмоида протуберанца , который с огромной скоростью начинает удаляться от Солнца. При этом на содержащиеся в плазмоеде электроны и протоны действуют две силы кулоновская и сила тяжести. При этом силы тяжести действуют стараясь вернуть частицы обратно в Солнце. Однако учитывая то что протоны тяжелее электронов в 2000 раз, а кулоновские силы приблизительно одинаковые, протоны под действием сил ятяжести возвращаються в Солнце более активно чем электроны и объёмный заряд плазмоида (солнечного ветра) заряжаеться отрицательно, что и подтверждается эксперемнтальными измерениями знака его заряда .

Инверсии

2) Часть этого ветра достигает Земли и заряжает конденсатор поверхность Земли – Ионосфера отрицательным зарядом. Отметим , что предлогаемая теория о причине возникновении магнитного полей Земли позволяет легко объяснить не только происхождение магнитногоо поля Земли и Планет , но и Инверсию их Магнитных Полей , возникающую каждые несколько сот тысяч лет стохостично. Исходя из положения того, что Солнце было первоночально нейтрально заряженым и излучает солнечный ветер несущий в

настоящее время отрицательный заряд, в силу изменения заряда Солнца на возрастающий положительный, который возникает по мере его возрастания из-за потери отрицательного заряда уносимого тысячалетиями солнечным ветром , Солнце начинает заряжаться возрастающим положительным зарядом . Это усиливает кулоновскую силу отталкивания протонов и увеличивает кулоновскую силу притяжения электронов и начиная с некоторого момента заставляет солнечный ветер заряжаться положительным зарядом и излучать положительно заряженый солнечный ветер! Через определёный промежуток времени всвязи с уменьшением положительного заряда, Солнца из-за уносимого его солнечным ветром, происходит измение знака заряда солнечного ветра на отрицательный. Этот переодический процесс повторяется и приводит к перезарядке ионосфер планет и к возникновению Инверсий их магнитных полей! Такие инверсии возникают и как показывает анализ знака заряда слоёв отложений песчаников Земли к возникновению инверсий МПЗ, которые возникают переодически каждые несколько сот тысяч лет.

О возникновении Магнитного Поля Земли и Планет

3) В настоящей работе рассматривается теория , заключающаяся в том, что основной причиной возникновения и поддержания МПЗ является атмосфера и ионосфера Земли, содержащие в себе заряды. Был проведён ряд оценок, которые показали правильность этого подхода. Приведём их краткое изложение.

а) Известно решение задачи о магнитном поле вращающейся поверхностно заряженной сферы [2]. Магнитный момент такой вращающейся сферы равен

$$\vec{\mathfrak{m}} = \frac{Qa^2\vec{\omega}}{3c}.$$

Известно [1], что магнитный момент Земли равен $m = 8 \cdot 10^{25}$ units CGSE,

where a = 6,340,000 m - radius of Earth,

$\omega = 7.3 \cdot 10^{-5}$ 1/sec - the speed of rotation of Earth,

c = 300,000,000 m/sec - the speed of light.

Тогда, зная величину Момента Магнитного Поля Земли m, определим величину необходимого для этого электрического заряда.

$$Q = 0.245 \cdot 10^{23} \text{ CGSE} = 8.1 \cdot 10^{13} \text{ C}$$

Следует отметить, что более точная оценка этого заряда , сделаная из предположения что заряд расположен в сферическом слое над поверхностью Земли и имеет толщину равную несколько сот километров , даёт приблизительно такую же величину.

б) С другой стороны известно (например, [3]), что Земля имеет заряд порядка

Qземл=$5.7 \cdot 10^5$ кул.

Отсюда следует что этого недостаточно, чтобы создать Магнитное поле Земли.

4) Как уже было показано выше частично вещество протуберанцев возвращается обратно в Солнце, а часть, в виде Солнечного ветра, разлетается в разные стороны. Часть этого ветра достигает Земли и заряжает ионосферу отрицательным зарядом. В ионосфере существует так называемые E и F слои [3] , расположенные на расстоянии от 90 до 500 км и содержащие электроны с концентрацией в диапазоне $Ne=(1.5\text{-}30.)*10^5$ в одном кубическом сантиметре, образовавшийся благодаря Солнечному ветру . Средняя величина плотности электронов в них равна $Ne=10^6$.

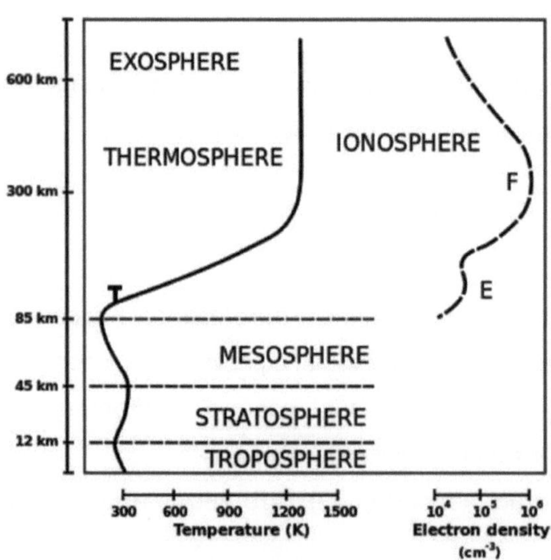

Fig. 2

Сумарная толщина этих слоёв достигает H=500 км. Тогда легко оценить суммарный заряд этого слоя.

Он равен

$Q_e = Q_e \cdot R^2 \cdot 4\pi N_e \cdot H = 12.6 \cdot 1.6 \cdot 10^{-19} \cdot 41 \cdot 10^6 \cdot 10^{16} \cdot 5 \cdot 10^7 = 4.14 \cdot 10^{13}$ C

Where $Q_e = 1.6 \cdot 10^{-19}$ C electron charge.

Как следует из проведёной оценки заряда E+F слоя ионосферы, с учётом влияния железа содержащегося в верхнем слое Земли, его величины достаточно , чтобы создать или по крайней мере вносить основной вклад в образование Магнитного Поля Земли.

Учитывая что радиус Земли равен 6300 км.

5) **Механизм возникновения и поддержание магнитных полей других планет также подчиняются предложеной теории.**

Предлогаемая теория возникновения Магнитного поля Земли объясняет также наличие и величины магнитных полей близких к Земле планет.

Это прежде всего Венера. Венера, наиболее похожая на Землю планета, не имеет сильного магнитного поля, хотя внутреннее строение их идентично . Венера имеет атмосферу и ионосферу состоящую в основном из угликислого газа, которая обладает некоторой ёмкостью и которая постояно подзаряжается солнечным ветром наподобее Земле. При этом следует также отметить, что длительность суток Венеры более чем в 243 больше Земных. Т. е. скорость движения зарядов в ионосфере Венеры в сотни раз медленее чем в ионосфере Земли , это объясняет почему

Магнитное поле Венеры меньше магнитного поля Земли в 300 или даже более раз .

Рассмотрим Меркурий. Известно что его магнитное поле более чем в сто раз меньше земного. С другой стороны длительность его суток и радиус соответствено равны 58 земных и 2440 км. Т.е. скорость движения отрицательных зарядов в ионосфере Венеры в 152 раз медленее чем в ионосфере Земли . Т.е. это может объяснить уменьшение его магнитного поля по сравнению с Земным . На сайте https://sites.google.com/site/astronom1543/mag

указано что измереное Магнитное поле Меркурия составляет 0.006 от величины магнитного поля Земли, т. е. в 150 раз меньше, что совпадает с нашей оценкой !

Расмотрим теперь Магнитное поле Юпитера. Известно , что Юпитер имеет магнитное поле приблизительно в 20 раз больше чем Земля

(https://sites.google.com/site/astronom1543/mag) .

Известно что радиус Юпитера в 11 раз больше радиуса Земли, а скорость вращения в 2.4 раза больше. Значит скорость движения зарядов расположеных в ионосфере Юпитера в 26.4 раза больше чем в ионосфере Земли . Измерения показали что магнитное поле Юпитера в 20-50 раз больше магнитного поля Земли. Т.е. и в этом случае магнитное поле Юпитера оцененое с помощью предлогаемой теории также даёт хорошее совпадение с измерением !

Только Марс не подчиняется расматриваемой закономерности. Магнитное поле Марса крайне мало – в более чем 500 раз слабее магнитного поля Земли. При этом размеры Марса и скорость его вращения почти полностью совпадают с земными. Поэтому все условия для индентичной работы механизма гидромагнитного динамо должны бы создавать соизмеремые магнитные поля. Однако отличие в наблюдаемых магнитных полях объясняется фактическим отсутствием в настоящее время на Марсе атмосферы и ионосферы. Давление атмосферы у поверхности Марса в 160 раз меньше земного. Это доказывает, что источник магнитного поля зависит от присутствия ионосферы , т. к. остальные параметры планет практически совпадают. Причём анализ тектонических пород показывает, что когда то магнитное поле Марса было достаточно заметным и были инверсии магнитного поля. Известно что разрушение атмосферы Марса началось относительно недавно и продолжает осуществляться и сейчас. Отсутствие атмосферы и магнитного поля являются основной причиной отсутствия жизни на Марсе, но не исключает её существования в прошлом. С большой степенью вероятности отсутствие магнитного поля на Марсе объясняется происходящей там в настоящее время инверсией.

Построим результирующую Таб.1

Planet	Diameter	rotation	mag. field	Atmos. pressure
Mercury	4879	58.8	0.006	0.001
Venus	12104	243.7 93	0.003	93
Earth	12742	1	1	1
Mars	13558	1.01	0.002	0.06
Jupiter	139 822	9.92	25	12

Таб.1

Из таблицы 1 можно сделать следующие выводы:

1) Там где нет атмосферы и ионосферы магнитное поле либо ничтожно , либо вообще его практически нет (Марс).

2) Радиусы и скорости вращения планет определяют величину скорости зарядов в ионосфере. А следовательно и силу тока.
Тогда те планеты, которые имеют атмосферы и ионосферы заряжающиеся согласно нашей теории от Солнечного ветра должны иметь магнитные поля пропорциональные линейной скорости ионосферы, т.е. произведению радиуса на угловую скорость! Действительно Венера , которая имеет радиус немного меньше Земли , но вращающаяся с меньшей в 243 раз скоростью имеет магнитное поле в почти 300 раз меньше. Юпитер , который имеет радиус в 11 раз больше Земного и вращающийся с угловой скоростью в 2.4 больше Земли имеет магнитное поле в 25 раз большее. Эти оценки подтверждают правильность нашей теории , что механизмом возникновения и подержания магнитного поля Земли и Планет является движующиеся заряды ионосферы создаваемые солнечным ветром.

Краткое описание метода

Суть метода в следующем

Предполагается использовать возможность извлечения электрической энергии из ионосферы, где возмущения магнитного поля (магнитные бури) протекают на высотах более 100 км над поверхностью Земли. Имено там источники энергии использующие МПЗ представляет интерес т. к. они имеют преимущество по сравнению с традиционо используемыми. Таким образом такой генератор должен располагаться в ионосфере Земли, т.е на спутниках или космических станциях и будет черпать энергию из магнитного поля околоземного космического пространства, используя преобразование электромагнитной энергии, являющейся следствием работы сил планетарного характера, в электрический ток технического назначения. Следует отметить что предлагаемые генераторы могут быть также полезны для работы телефоных, ретрансляционных и военых целей, также для питания лазеров и других излучающих приборов применяемых для различных измерений и требующих для своего питания больших энергий.

Остановимся на недостатках традиционо использовамых источниках энергии.

1) Наиболее широко в качестве источников энергии на спутниках и космических объектах используются солнечные батареи и ядерные реакторы. Одним из преимуществ по сравнению с применяемыми в настоящее время солнечными батареями является то что предлагаемые генераторы могут работать в условиях отсутствия солнечного света.

Оказывается, что основная «перекачка» энергии по цепочке солнечно-земных связей происходит в результате солнечных вспышек, которые сопровождаются магнитными бурями. Поэтому, если в ионосфере Земли расположить проводящий контур, то в таком контуре в период изменения напряженности магнитного поля в соответствии с законами физики (закон Фарадея) возникает электродвижущая сила, вызывающая электрический ток. **Оценка Суммарной мощности токов, постоянно текущих в ионосфере Земли, при условии**

расположения там большого количества генераторов , значительно превышает потребности человечества. С другой столроны , для того чтобы увеличить мощность такого генератора , параллельно или последовательно к этому контуру можно подключить необходимое количество контуров. Следует отметить что то обстоятельство что температура окружающей среды (иносферы) может быть ниже (-100)С электропроводность материала контуров будет значительно больше, чем на поверхности Земли. Т.е. вместо одного контура можно использовать с одной стороны катушку, что значительно повышает вырабатываемую энергию , с другой при этом можно избежать больших потерь на омическое сопротивление . При этом необходимо чтобы магнитное поля менялось , т.к. это необходимое условие появления индуктивного тока на катушке ! В работе (5) показано что благодоря магнитным бурям на Солнце в ионосфере Земли непрерывно происходят вибрации магнитного поля . Воздействие магнитных бурь на технические объекты, иногда катастрофические, вызваны индукционным электрическим полем, возникающим при быстром изменении напряженности магнитного поля на Земле. Впервые ощутимые эффекты этого рода были отмечены во время сильной магнитной бури 1 сентября 1859 г. , которую заслуженно связывают с именем английского астронома Кэррингтона.

Апаратное решение проблемы

Апаратное новое решение связана с тем, что всегда нужно правильная орентация контура (катушки). Плоскость контура не должна быть расположена паралельно к силовым линиям магнгитного поля. Если она будет расположена паралельно, то генероваться будет нулевая энергии.

Остановимся теперь на возможности выработки энергии на поверхности Земли

Такая преспектива требует отдельного анализа. Величина МПЗ на поверхности значительно меньше чем в ионосфере . При этом как мы уже отмечали вблизи полюсов МПЗ заметно больше. И есть предложения о создании энергетических станций за полярном кругом-на остравах, судах, и т. п. Солнечную активность можно вычислить по числу вспышек и пятен на поверхности звезды. Они тесно связаны с колебаниями в ее магнитном поле: так, именно в периоды повышенной активности светила чаще происходят магнитные бури.

Следует отметить что в истории Земли бывали такие случае, когда всвязи с возникновением сильной магнитной бури на Солнце , на севере Канады в линии передач электроэнергии возникли такие токи , которые привели к сгоранию электроприборов и других устройств подключёных к питанию . Иногда случались магнитные бури даже в районах экватера Земли. Но как правило эти явления бывают редко. Однако в случае возникновения Инверсии МПЗ величина магнитных полей и частота возникновений инверсий в любой точке Земли резко возрастёт и в это трудное для выживания людей время получение значительного количества чистой энергии будет крайне желательным. Следует отметить что главным недостатком использования энергии с помощью МПЗ является нестабильность их работы. Поэтому мы предлагаем способ не требующий стабильности их работы. Но в тоже время это крайне дешовый и простой способ.

В настоящее время анализ альтернативных чистых источников энергии предпочтение отдаётся водороду. Это объясняется тем что необходимой для её реализации не требуется заметно менять существующую конструкцию транспортной техники работающей на нефте и газе, а также существующую систему транспортации водорода к месту использования (это трубопроводы и специальные коробли и порты используемые для перемещения сланцевого газа).

Следует отметить что использование водорода может применяться фактически почти во всех случаях необходимости чистой энергии, это:

все виды транспорта- машины, самолёты, параходы, тепловые электростанции, отопление домов, освящение, промышленные предприятия и т. п.

Получение чистого водорода путем электролиза воды — самая очевидная и эффективная технология, и один из наиболее перспективных способов получения альтернативного топлива. Водород добывают из любого водного раствора, а при сгорании он превращается обратно в воду. Т. е. этот метод не связан с загрязнением окружающей среды.

По сравнению с прочими методами получения водорода, использование электролиза воды отличается целым рядом преимуществ. Во-первых, вход идет доступное сырье — деминерализованная вода и электроэнергия. Во-вторых, во время производства отсутствуют загрязняющие выбросы. В-третьих, процесс целиком автоматизирован. Наконец, на выходе получается достаточно чистый (99,99%) продукт. Из всех методов электролиза наиболее перспективным считают высокотемпературный электролиз (себестоимость водорода от 2,35 до 4,8 $/кг). Его следует иметь на технологическом вооружении, поскольку при определенных экономических условиях он может быть использован в крупнопромышленном масштабе.

Электролизом воды называется физико-химический процесс, при котором под действием постоянного электрического тока дистиллированная вода разлагается на кислород и водород. В результате разделения на части молекул воды, водорода по объему получается вдвое больше, чем кислорода. Эффективность электролиза такова, что из 500 мл воды получается около кубометра обоих газов с затратами около 4 квт/ч электрической энергии.

Технологический ток для протекания процесса электролиза воды для получения водорода и кислорода получается, как правило, при помощи промышленного выпрямителя с необходимыми рабочими параметрами, Обычно это напряжение до 90В и силой тока до 1500 А. Таким образом подсоединяя генератор работающий на использовании МПЗ особено при инверсии, выроботка не будет зависить от стационарности работы генератора.

Список Клеймов Изобретения

1). Создана новая теория возникновения и поддержания МПЗ и Планет Солнечной Системы основаная на том , что Солнечный Ветер является основной причиной этих явлений. Такой подход в отличии от существующей теории , который основан на том , что источники возникновения и поддержания МП Земли и Планет находятся внутри. Наша теория позволяет также объяснить возникновение Инверсий МП Земли и Планет. А также объяснить отсутствие магнитного поля на Марсе , слабых МП на Меркурии и Венере.

2) Создана новая теория объясняющая физические явления на Солнце приводящие к Инверсиям МПЗ и Планет, основанная на переодичесой смене знака заряда Солнечного ветра, возникающей из-за уноса солнечным ветром одного знака заряда ведущем к возрастающем заряде другого знака Солнца. Это приводит к изменению соотношения кулоновских и сил притяжения на протоны и электроны. Что в свою очередь приводит к изменению знака заряда солнечного ветра , который падая на ионосферы планет приводит к изменению полюсов и направления МП на них.

3) Разработана теория создания генераторов чистой энергии, использующая энергию магнитных полей Земли , возникающая из-за магнитных бурь на Солнце.

4) Такой генератор может использоваться как один из источников энергии космических объектах и отличается от них рядом преимуществ.

а) Если сравнить солнечные батареи с генератороми использующими МПЗ, то последнии имеют ряд преимуществ: солнечные батареи требуют всегда солнечного света в то время как генераторы использующие МПЗ могут работать в полной темноте.

в) мощность солнечных батарей требует развертывания больших горизонтальных площадей с установлеными на них панелями. Это усложняет конструцию спутников и космических станций и делает систему питания подверженой разрушению, возникающей от столновения с мелкими метеорами и космическим мусором.

с) Отметим что оба способа из-за нестационарности работы требуют использования накопителя электроэнергии в виде аккомуляторов.

д) Если сравнивать источник использующий МПЗ с использованием ядерных реакторов , то последнии обладают ещё большим числом недостатков.

Во первых это значительное увеличение веса спутников. И главное опасность заражения больших площадей Земли при уничтожении их после окончания их ресурса. Т. к. сгорая в плотных слоях атмосферы продукты сгорания рассеиваются на огромных площадях в сотнях квадратных километров , заражая их опасной радиактивностью.

5) Интересна возможность применения генераторов использующих МПЗ на поверхости Земли. Прежде всего это может возникнуть только при расположении их вблизи полюсов, где магнитные поля более сильные. Отметим что в последнее время отмечаеться заметное повышение активности Солнца, приводящее к усилению и учащению магнитных бурь на нём. Есть предположения причины этого явления. Так есть мнение что вскоре на Земле начнётся Инверсия МПЗ. Есть и другие предположения. Однако не вдаваясь в подробности

возникновения этого явления. При том возникает мысль о возможности применении генераторов использующих МПЗ на поверхности Земли устанавливая их вблизи полюсов. Например в Гренландии или на других северных островавх. Такая преспектива очень привлекательна, т. к. позволяет решить очень важную проблему связаную с выживанием населения и других аспектов жизни на Земле. Как уже отмечалось выше, из-за резкого увеличения населения на Земле и всёвозрастающем использовании таких источники энергии как нефть, газ и уголь, выделяется огромное количество углекислого газа приводящее к нарушению телового обмена в системе земля-атмосфера и к загрязнению среды обитания. Масштаб этой проблемы достиг такой величины, что уже сейчас резко меняется климат на Земле и за счёт загрязнеия ухудшилась экология на Земле. В связи с этим в настоящее время остро стоит вопрос о поиске и замене традиционых источников энергии на чистые , такие как гидроэнергия, энергия ветра и волн и т.п. В связи с вышеизложеным не может не привлекать преспектива использования энергии МПЗ . С одной стороны оценки такой преспективы кажеться сомнительной из-за того что МПЗ относительно слабо вблизи поверхности Земли. С другой стороны , всвязи с заметным увеличением активности Солнца в последнее время и связаным с этим частоты и мощности магнитных бурь, возрастает возможность применения генераторов использующих знергию МПЗ. При этом следует отметить что первоначальным источником МПЗ является Солнце с практически бесконечным количеством энергии, всегда есть возможность увеличение сумарной энергии за счёт увеличения количества используемых устройств. Так в Гренландии возможна установка тысяч генераторов использующих бесплатную чистую энергию МПЗ.

Следует отметить что соеденяя их электрическими контактами можно получать фактически сколько угодное количество электроэнергии, которую можно использовать не только в виде электроэнергии, но и для получения такого чистого топлива как водород применяя для этого электролиз воды. При этом следует отметить что в результате электролиза воды получается не только водород , но и огромное количество чистого кислорода, который можно использовать для улучшения экологии Земли. Всё это делает эту технологию особо привлекательной !

Конструкция источника чистой энергии использующий Магнитное Поле Земли.

Опишем источник чистой энергии использующий МПЗ. Как уже было показано в предедущем тексте Патента такой источник имеет ряд преимуществ по сравнению с другими, которые использующими чистую энергию рек (такие как гидростанции) , ветра, волн и термическую энергию.

Причём было отмечено что источники энергии использующие МПЗ могут применяться как в ионосфере Земли , так и на поверхности Земли. Было отмечено что наиболее эффективны они при применении их в космосе для питания спутников различного применения (метереологических, комуникационных, военых,) и космических станций.

Обычно в настоящее время в качестве энергетических установок в космосе использоваются солнечные батареи и ядерные реакторы. Каждый из этих методов имеет свои преимущества и недостатки.

Предлагаемые нами источники энергии использующие энергию МПЗ имеют ряд преимуществ по сравнению солнечными батареями и реакторами. Отметим эти недостатки. Причём только те которых нет в источниках использующих МПЗ.

1) Солнечные батареи работают только при солнечном освящении и требуют использование системы орентации их по отношению к Солнцу.
2) Для их расположении на космических объектах необходимо подсоеденять специальные панели большой площади для расположении на них солнечных батарей . При этом они не только хрупкие , но часто требуют ремонт и замену из-за разрушения их падающими метереоритами и космическим мусором.

Ядерные реакторы также обладают рядом недостатков.

1) Это прежде всего их большой вес и недопустимость присутствия людей в условиях радиактивности внутри объекта.
2) Ядерные реакторы требуют для своей работы системы охлождения. Причём из-за нахождении их в условиях космоса где из-за разряжености воздуха отсутствует охлождение через теплообмен , необходимы грамозкие панели занимающие десятки квадратных метров для охлождение их через излучение.

3) И главный из недостатоков это то что после выработки их ресурса и входа их в атмосферу они расыпаются и сгорают , возникает опасность рассеения радиактивных веществ на огромной площади и заражение её опасной радиактивностью. В связи с этим разрабатываются специальные методы уничтожения их путём распыления на как можно мелкие частицы. Но при этом значительно увеличивается площадь рассеяния и заражения достигающая сотен квадратных километров.

Остановимся теперь на описании конструкции и преимуществ источников использующих МПЗ.

В основу берём аналог коструkции предложеную Тесла (фиг. 1), которая представляет из себя контур или катушку из проводников круглого или квадратного сечения помещеную на корпусе спутника расположеную перпендикулярно к траектории спутника и паралельно силовым линиям МПЗ.(фиг.2)

Тогда согласно закону Фарадея при движении катушки перпендикулярно МПЗ с определёной скоростью в катушке возникнут индукционные токи , величина которых зависит от размера диаметра катушки, числа витков и удельного сопротивления провода, скорости движения катушки, высоты орбиты спутника. Как уже было отмечено спутник (или космичечкая станция) обычно движется по круговой орбите паралельной определёной широте, перпендекулярно силовым линиям МПЗ.

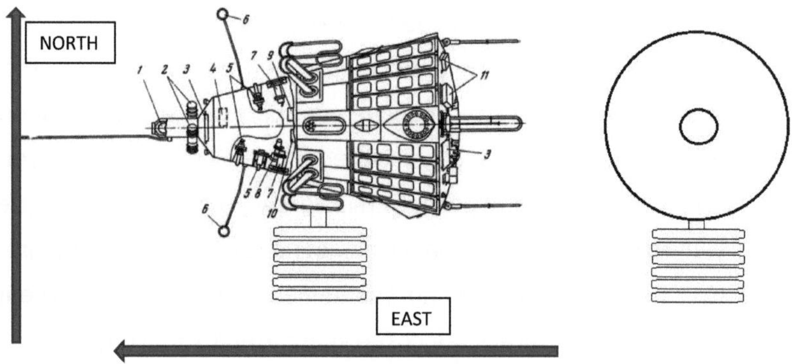

Фиг.3

Как уже отмечалось главное условие работы предлагаемого источника это требование чтобы катушка находилась в переменом магнитном поле. Причём силовые линии МПЗ не были паралельны плоскости торца катушки.

По определению, магнитный поток Ф, который пронизывает плоский проводящий контур (катушку), помещенный перпендикулярно силовым линиям магнитного поля, равен Ф = B · S , где B – модуль индукции магнитного поля, S – площадь, охватываемая контуром. По закону Фарадея изменение потока Ф в единицу времени равно ЭДС электромагнитной индукции $\mathcal{E}$. Для ЭДС, индуцируемой в катушке, которая находится в переменом магнитном поле и является функцией времени t,: $\mathcal{E} = -d\Phi/dt$.

Магнитный поток, который пронизывает круговую катушку индуктивности при её движении в переменом магнитном поле :

$\Phi = \pi \cdot R10^2 \cdot N \cdot B(t)$, где B(t) – модуль индукции магнитного поля, R – радиус и N – число витков катушки индуктивности.

Использование такого источника на таких космических объектах как спутники и космические станции имеют ряд преимуществ перед другими традициоными. Перечислим их:

1) Эффективность источника использующих МПЗ зависит от проводимости материала катушки. И всегда это приводит к уменьшению её витков или использованию криогеной техники для её охлаждения. В нашем случае когда источник находится на орбите, где температура окружающей среды составляет от -30 до -50 градусов Цельсия проблема с уменьшения сопротивления катушки источника не существует и позволяет за счёт низкой температуры значительно увеличивать мощность нашего источника.
2) Также легко можно выполнить требованик к получению переменого магнитного поля, от которого зависит мощность источника. Это легко выполняется из-за характера измененния МПЗ в зависимости от местоположения спутника по отношению к Солнцу.

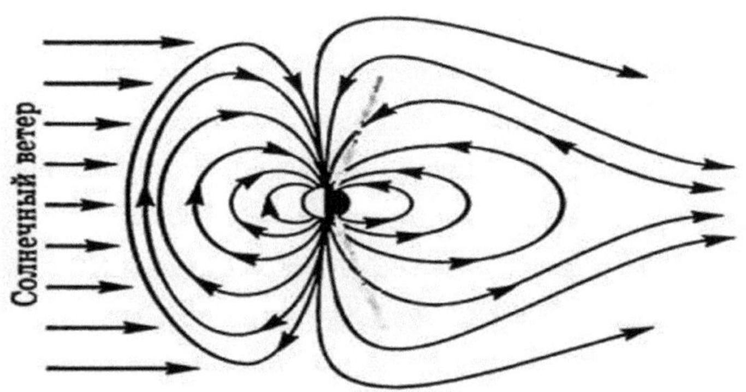

На фиг.4 показано распределение силовых линий МПЗ которое возникает от влияния солнечного ветра на МПЗ.

Так со стороны Солнца от которого приходит солнечный ветер силовые линии сгущаются, что свидетельствует о сильном МПЗ, в то же время на противоположной стороны Земли силовые линии разряжены и имеют вид хвоста. Т.е. при движении спутника от освященой части Земли к противоположной, МПЗ изменяется в несколько раз. А если учесть что спутник движется с второй космической скорость равной 11 км/сек то даже если его орбита расположена вблизи экватора, то на это требуется порядка 20000/11=2000сек, (при спутнике расположеном в средней полосе время оборота уменьшается до 1000 сек) т.е. порядка получаса и модуль индукции магнитного поля источника приблизительно равен

B(t)= B0+b*t , где b, =(B1-B0)/T0*t , B0, B1 минимальное и максимальное значение магнитного поля. T0 время пролёта спутника от освящёной части Земли к теневой.

3) В случае необходимости получить большую энергию, источник может состоять из нескольких катушек, расположеных паралельно и расположеных на внешней стороне спутника. Отметим что источник весящий более 100 кг может служить, благодоря центробежной силе, устройством осуществляющем орентацию спутника так чтобы магнитные линии магнитного поля были всегда расположены перпендикулярно к торцу катушек источника.

И наконец, можно ещё раз отметить в клеймах что предлагаемый источник использующий МПЗ , может также использоваться на поверхности Земли с меньшей эффективностью по сравнению чем в космосе однако помогая фактически бесплатно получать электроэнергию или так необходимый из-за климатических проблем водоород (как описан выше в тексте). При этом генераторы слелует располагать в северных околополюснх местах, т. к. температура там ниже а МПЗ сильнее.

Библиография:

1. Electrician and Electrician, 2010, No. 6, or

Physics for Scientists and Engineers, Volume 2

By Raymond Segway, John Jewett

2. The magnetic moment of the rotating sphere, Roman Parpolak. or

Griffiths, David J. (2007) Introduction to Electrodynamics, 3rd Edition; Prentice Hall – Chapter 5, Post 36.

3. "Physical quantities", Reference book, M. Energoizdat, 1991, p. 1196, or

Capstones in Physics: Electromagnetism

Wikipedia, free encyclopedia, Ionosphere.

[Yermolaev, Y. I., I. G. Lodkina, N. S. Nikolaeva, and M. Y. Yermolaev (2013), Occurrence rate of extreme magnetic storms, J. Geophys. Res. Space Physics, 118, 4760-4765, doi:10.1002/jgra.50467

US011002109B1

(12) **United States Patent**
Tseytlin

(10) **Patent No.: US 11,002,109 B1**
(45) **Date of Patent: May 11, 2021**

(54) **METHODS AND DEVICES FOR MAXIMIZING OIL PRODUCTION FOR WELLS CONTAINING OIL WITH HIGH GAS-TO-OIL RATIO AND OIL EXTRACTION FROM OIL RIMS OF GAS RESERVOIRS**

(71) Applicant: **Simon Tseytlin**, Middle Village, NY (US)

(72) Inventor: **Simon Tseytlin**, Middle Village, NY (US)

(*) Notice: Subject to any disclaimer, the term of this patent is extended or adjusted under 35 U.S.C. 154(b) by 0 days.

(21) Appl. No.: **16/739,240**

(22) Filed: **Jan. 10, 2020**

(51) **Int. Cl.**
E21B 17/04 (2006.01)
E21B 17/14 (2006.01)
E21B 34/12 (2006.01)
E21B 43/32 (2006.01)
E21B 34/16 (2006.01)

(52) **U.S. Cl.**
CPC ***E21B 34/16*** (2013.01); ***E21B 17/04*** (2013.01); ***E21B 34/12*** (2013.01); ***E21B 43/32*** (2013.01); *E21B 2200/06* (2020.05)

(58) **Field of Classification Search**
CPC E21B 17/04; E21B 17/041; E21B 17/14; E21B 34/12; E21B 43/32
See application file for complete search history.

(56) **References Cited**

U.S. PATENT DOCUMENTS

2,999,540 A * 9/1961 Bodine, Jr. E21B 43/003 166/302
3,825,071 A * 7/1974 Veatch, Jr. E21B 43/26 166/308.1
2012/0292032 A1* 11/2012 Themig E21B 34/12 166/310

* cited by examiner

Primary Examiner — Cathleen R Hutchins
(74) *Attorney, Agent, or Firm* — Boris Leschinsky

(57) **ABSTRACT**

A novel passive flow restrictor attached outside the tubing in an oil well and positioned below casing perforations, causing fluid flow from an oil reservoir formation to at least partially flow through a narrow annular space between the flow restrictor and the casing before entering the tubing. The flow resistance is thereby defined in part by the length of the annular space, which is easily adjusted by lowering or raising the tubing within the casing. The flow restrictor and methods of using thereof are especially advantageous for maximizing oil production in thin oil rim gas reservoir as well as with other oil wells with high Gas-to-Oil Ratio.

8 Claims, 8 Drawing Sheets

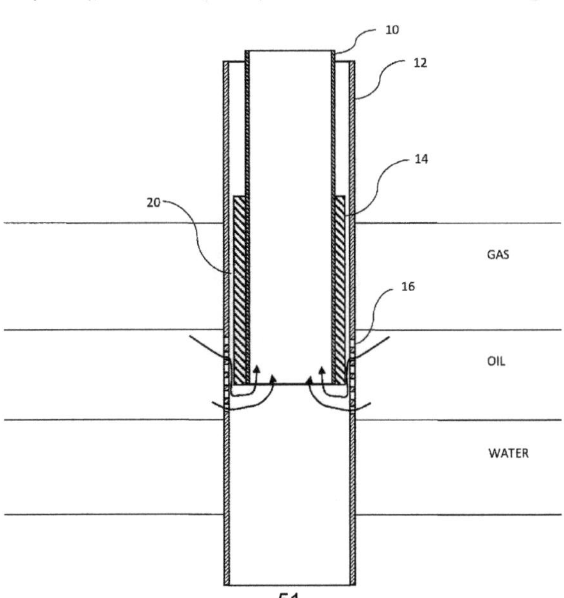

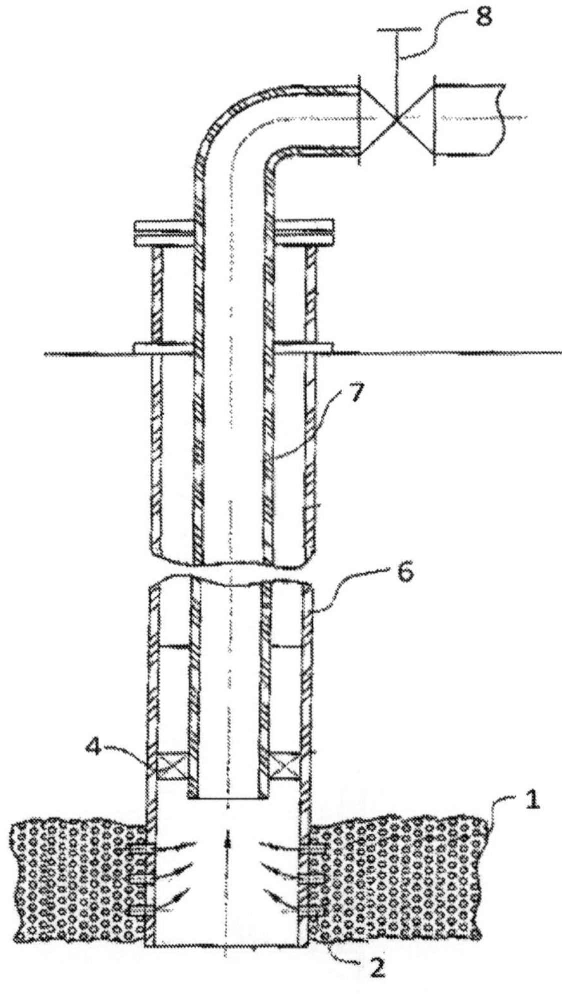

FIG. 1 (PRIOR ART)

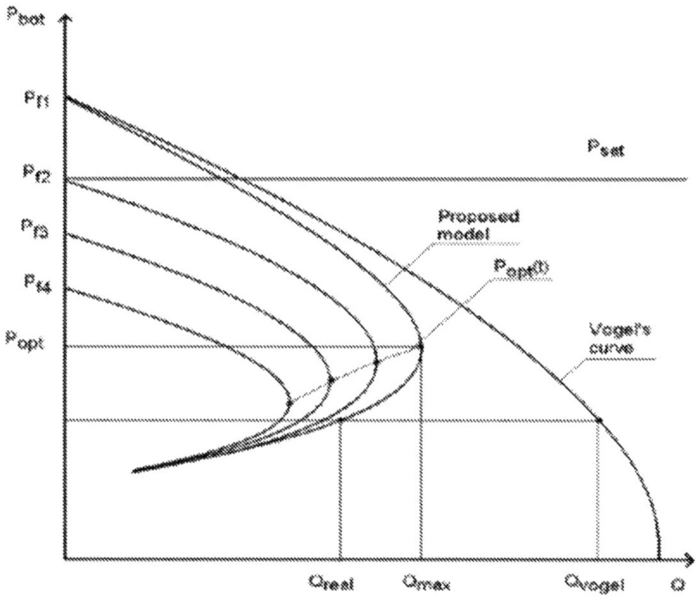
P_bot
P_f1
P_f2
P_f3
P_f4
P_opt
P_set
Proposed model
P_opt(t)
Vogel's curve
Q_real
Q_max
Q_vogel
Q

Fig. 2

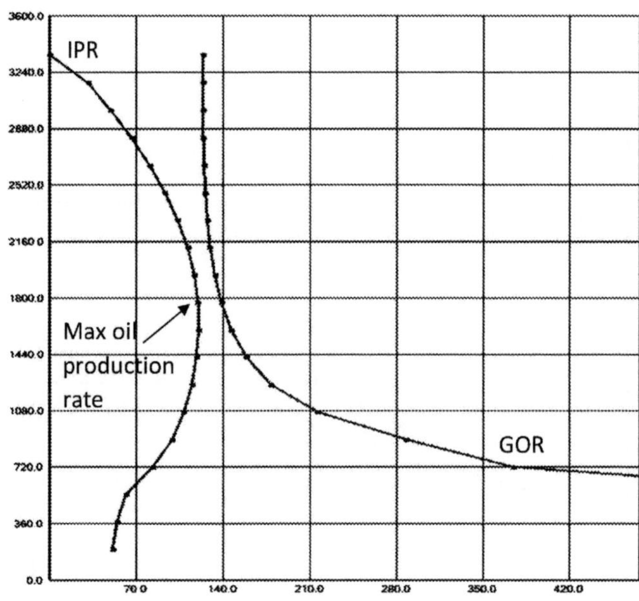
3600.0
3240.0
2880.0
2520.0
2160.0
1800.0
1440.0
1080.0
720.0
360.0
0.0
70.0
140.0
210.0
280.0
350.0
420.0
IPR
Max oil production rate
GOR

Fig. 3

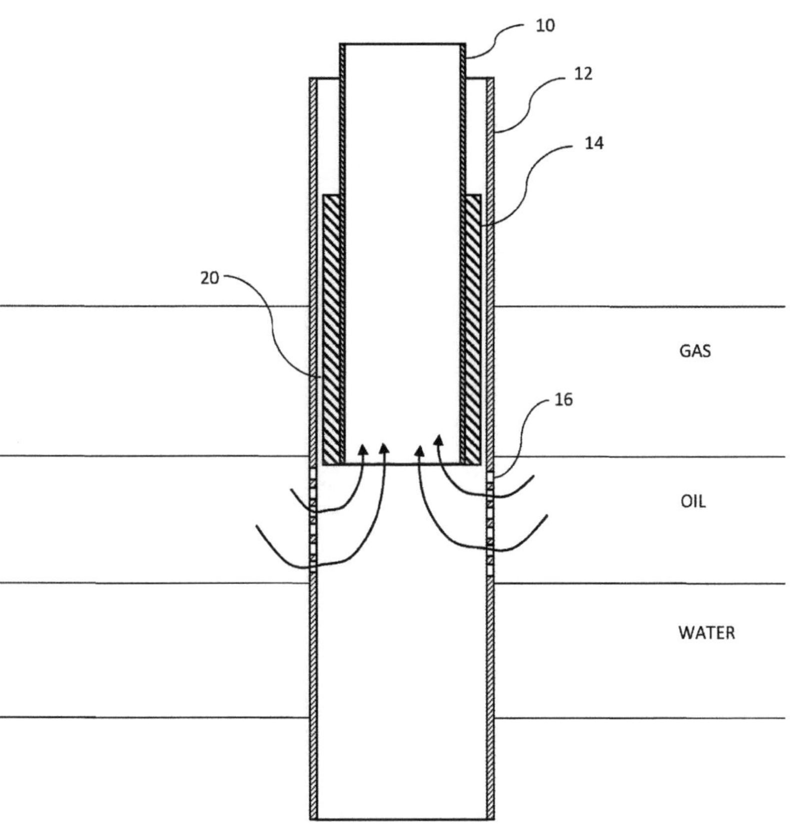

Fig. 4a

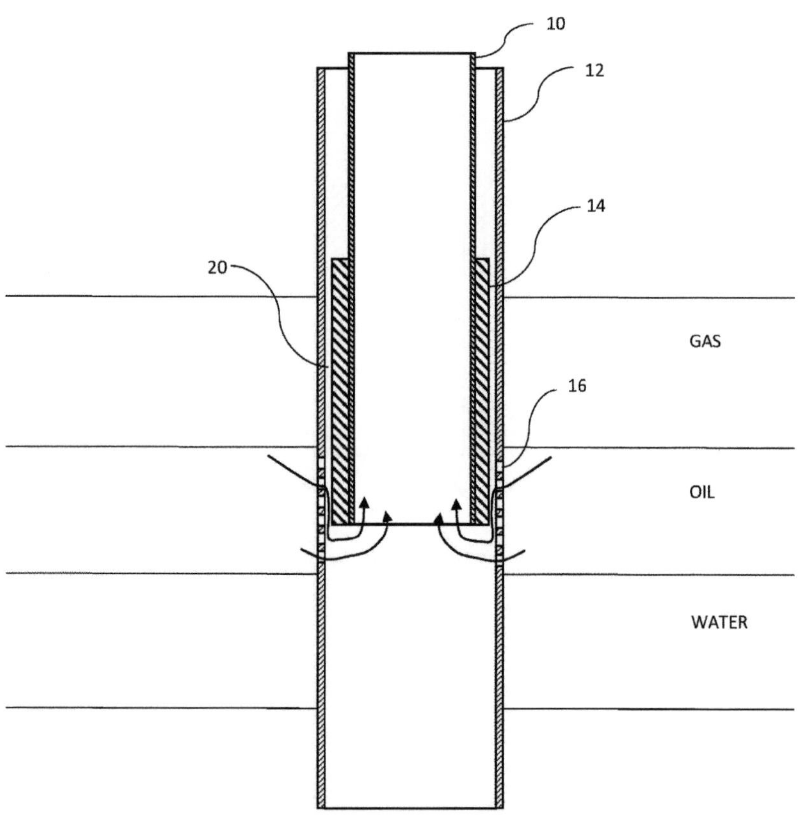

FIG. 4b

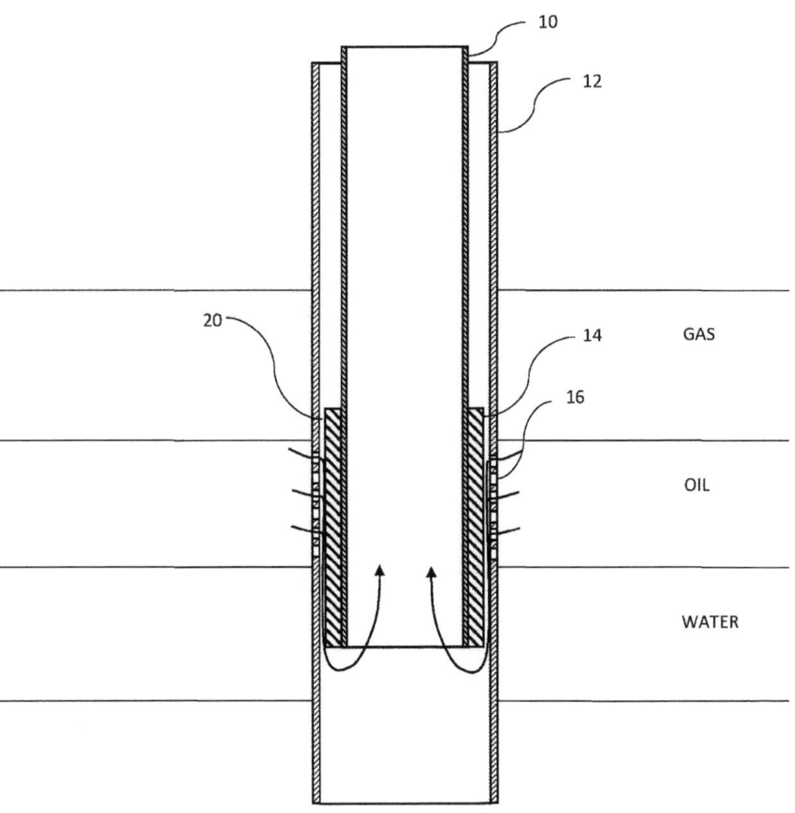

Fig. 4c

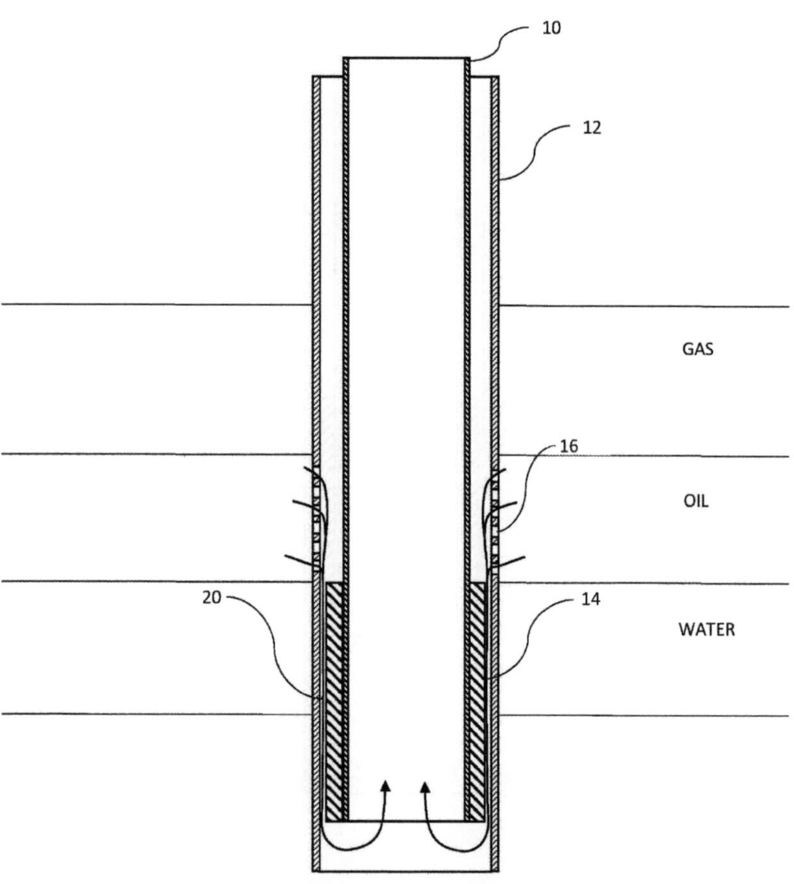

Fig. 4d

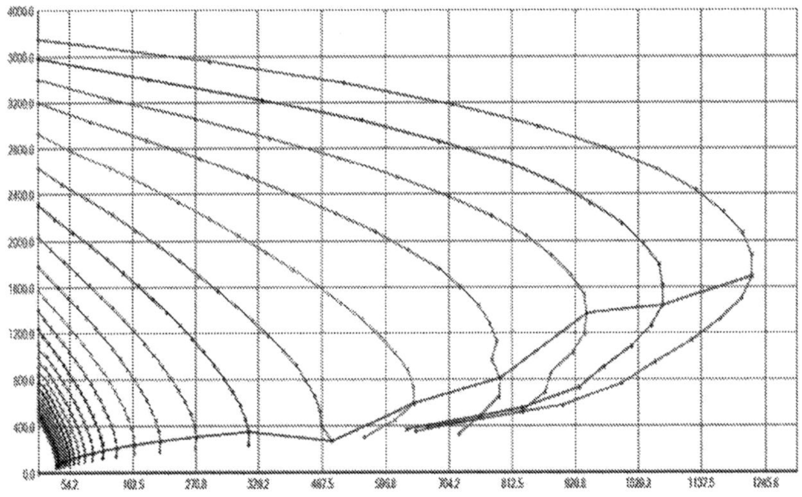

Fig. 5

METHODS AND DEVICES FOR MAXIMIZING OIL PRODUCTION FOR WELLS CONTAINING OIL WITH HIGH GAS-TO-OIL RATIO AND OIL EXTRACTION FROM OIL RIMS OF GAS RESERVOIRS

BACKGROUND

Without limiting the scope of the invention, its background is described in connection with oil production. More particularly, the invention describes methods, computer models, and related devices allowing simplified adjustment of bottomhole pressure in order to obtain the highest possible oil production for an oil well with a high gas-to-oil ratio over the lifetime of the oil well. The invention has particular utility in thin oil rims of gas reservoirs.

In order for oil production to keep up with the ever-growing energy demand, it is essential to find new ways to improve the recovery of existing oil fields. The most advantageous implementation of the present invention is in wells with high Gas-to-Oil Ratio (GOR) defined as GOR greater than about 100 cubic meters of gas over cubic meters of oil, which is sometimes also referred to in other units as about 600 cubic feet of gas per barrel of oil, which is the same as above. Such oil wells may exhibit high and increasing production of gas accompanied by low and decreasing production of oil. In extreme cases, a gas flow regime may be formed with no oil exiting the oil well altogether—even despite adjustments of the surface choke, including either closing or opening thereof. At some point, the gas flow regime may exhaust the reservoir formation pressure and preclude any further oil production, whereby severely limiting a total oil recovery from a particular oil well and even from a particular reservoir formation.

Significant oil reserves are captured in relatively thin oil rims sandwiched between overlying gas and underlying condensate or water. Due to a strong tendency for gas cone formation leading to early gas or water breakthrough in these wells, efficient production from these fields has always been a real technological challenge. It continues to be difficult, despite the advancements in the hardware technology over the last decade, in particular, the ability to install and use sensors and remotely controllable valves in both wells and at the surface. Apart from the natural technical constraints of poor accessibility of large portions of the reservoir in terms of both control and monitoring, the other main factor contributing to this is the fact that the optimization of wells using the flow control devices is still not adequate for maximizing oil production. New technologies are needed to allow efficient oil recovery in thin oil rims of gas reservoirs.

This invention contains further improvements of my earlier U.S. Pat. Nos. 7,172,020; 7,753,127; and 10,435,983 incorporated herein in their respective entireties by reference.

A conventional oil well is illustrated in FIG. **1** and includes an oil/gas reservoir formation **1**, which is reached by an oil well casing **6** with a plurality of perforations **2** allowing oil to enter the internal space of the casing **6**. An oil well tubing **7** is lowered into the casing **6** and concentrically fixed at the bottomhole region by spacers/packers **4** or other suitable means. The oil well tubing **7** extends to the surface of the well and features an adjustable surface choke **8** used to control the flow of oil and gas from the oil well tubing **7**.

Optimization of oil production and an increase in ultimate oil recovery from an oil well has been a goal of many

innovative methods and devices of the prior art. Generally speaking, the bottomhole behavior of oil mixed with gas (and some other ingredients such as water, etc.) has been described in a series of mathematical equations by Musket. One specific publication by Musket is incorporated herein by reference in its entirety and describes the mathematical model of oil reservoir: Musket M. "The Production Histories of Oil Producing Gas-Drive Reservoirs", published in the Journal of Applied Physics in March of 1945, p. 147-159.

For illustration purposes, a unidimensional axisymmetric system of Musket equations with corresponding PVT characteristics of fluid and dependencies of relative permeability K_{ro}, K_{rg} from liquid saturation (S_o) can be described as follows:

$$\frac{1}{r}\frac{\partial}{\partial r}\left(r\frac{k_{ro}}{\mu_0 B_o}\frac{\partial p}{\partial r}\right) = -158.064\frac{\phi}{k}\frac{\partial}{\partial t}\left(\frac{S_o}{B_o}\right) \tag{1}$$

$$\frac{1}{r}\frac{\partial}{\partial r}\left[r\left(\frac{k_{rg}}{\mu_g B_g} + \frac{Rs}{5.615}\frac{k_{ro}}{\mu_o B_o}\right)\frac{\partial p}{\partial r}\right] = -158.064\frac{\phi}{k}\frac{\partial}{\partial t}\left(\frac{S_g}{B_g} + \frac{S_o}{B_o}\frac{Rs}{5.615}\right)$$

where: P—pressure in formation; S_o—oil saturation in formation; S_g—gas saturation in formation; R_s—solution of gas in oil; B_o—oil formation volume factor; B_g—gas formation volume factor; μ_o—oil viscosity; μ_g—gas viscosity; φ μformation porosity; K—formation permeability.

For practical purposes, Vogel had simplified the Musket equations and adapted them to the calculations of oil-producing formations. These equations are known as Vogel model and have subsequently been modified by others. One example of such publication is as follows: Vogel, *Inflow Performance Relationships for Solution-Gas Drive Wells*, as published in Journal of Petroleum Technology, January 1968, pp. 83-92, incorporated herein in its entirety by reference. Unfortunately, Vogel model does not work well in wells with a high gas-to-oil ratio. According to Vogel, the dependency of oil rate production of bottomhole pressure is a constantly diminishing parabolic curve with a production peak at zero value of the bottomhole pressure, see for example FIG. **2** of the above-mentioned article. In other words, the lower the bottomhole pressure, the higher the oil rate production from the formation. This is a gross simplification of the bottomhole processes in the formation. In fact, if the bottomhole pressure falls below saturation pressure in case of high GOR, relative permeability coefficient by oil decreases because of gas saturation increase, which in turn is a result of gas being released from oil. Viscosity of so degassed oil also increases. This leads to a decrease in productivity index of formation. This phenomenon affects the oil production rate more than increasing depression. As a result, decreasing the bottomhole pressure below saturation pressure can lead to a decrease in oil production rate, rather than to its increase as predicted by Vogel's model, see FIG. **2**. In some extreme cases, reliance on Vogel's model will cause a complete switch in production from oil to gas.

It is also known that producing oil wells with high GOR (Gas-to-Oil Ratio) often lose their stability, and this process is accompanied by a sharp increase in GOR. Any attempts to stop this process by using a surface choke or other surface manipulations usually fail, and the oil well gradually switches into a full gas production mode. The physics of this process can be explained as follows: in a case when a gas cone covers some holes of a perforated section of the well casing **6**, quite often that oil well loses stability. This, in turn, leads to a continuing slow increase of the cone height followed by an increase in the gas stream and a decrease in the oil flow. This process continues until the well is completely switched to a gas mode. Even if a switch to a gas mode does not happen, the instability of the well does not allow efficient control of the bottomhole pressure by using a choke at the surface. Similar detrimental phenomena can occur because of formation of a gas skin effect near the bottom of the well. The physics of the skin effect is described in detail in my U.S. Pat. No. 7,172,020. It also shows that this phenomenon leads to a non-conventional shape of the IPR curve (Inflow Pressure Relationship, i.e. the dependence of well oil flow rate of the bottomhole pressure). A notable feature of this curve is the presence of a certain threshold value of the bottomhole pressure (called "P_{opt}—optimal pressure"), at which the greatest possible oil flow rate from a reservoir can be achieved (FIG. **2**).

The process of gas cone formation interrupting the flow of oil from the well is especially difficult to control in thin oil rims gas reservoirs where the height of the oil layer may only be several meters. The fluctuation of gas and oil flows entering the fixed geometry perforations of the casing cause disruption of oil recovery and in many cases preclude substantial amounts of oil from being extracted from the oil well altogether.

A new understanding of the processes surrounding any deviation of the oil production from the initial optimal level is described in my previous patents referenced above. Reference is made now to FIG. **3** showing an exemplary calculated IPR curve superimposed onto a GOR (Gas-to-Oil Ratio) curve in a space defined by bottomhole pressure and the oil flow rate coordinates. As the oil production rate increases with decreasing of the bottomhole pressure following an IPR curve from the top point corresponding to the reservoir formation pressure, it reaches a maximum level of oil production at the point marked with an arrow. All throughout that process, the GOR value remains at or about the initial level and not changing much as the bottomhole pressure reaches the optimal level, as the GOR curve is essentially close to a vertical line in that region of the chart. From the point of reaching the maximum oil production rate and further below thereof, however, as the bottomhole pressure and the oil rate continue to decrease, the GOR curve exhibits a sharp increase at the bottom right corner of the chart, indicating a rapidly increasing amount of gas entering the oil well.

As the bottomhole pressure decreases and the GOR raises to a higher level, the flow restrictor causes the flow regime in at least one of the first stage or a second stage to change from a bubble type two-phase flow to a slug type two-phase flow. The increase in the amount of gas traversing the flow restrictor of appropriate size is causing a rapid increase in its flow resistance, which in turn causes the increase in the bottomhole pressure and therefore urging the oil production rate to shift back up in the direction of the maximum oil production rate. This, in turn, causes the GOR to decrease again to get closer to its level corresponding to the maximum oil production rate. The gas component of the two-phase flow is therefore decreasing, and the equilibrium is maintained.

This unique behavior is, therefore, assuring the maximum oil production rate to be a stable equilibrium point on the IPR curve, thereby any deviations and changes in reservoir conditions are mitigated by the flow restrictor to maintain the oil rate at a desired maximum production point. Because of this behavior, there is no need to adjust the geometry of the flow restrictor from the surface and no need to interrupt the oil production from the oil well for maintaining the production rate at the desired maximum level.

Still, over the lifetime of the well there may be a need for adjusting the flow restrictor. This is typically accomplished by controlling the mechanism of flow restrictor adjustment from the top of the well or by replacing one flow restrictor with another. Both processes are complicated and, in many situations, involve a disruption of oil production from the well.

The need exists therefore for methods and devices for continuously producing oil at a maximum possible rate over the life of the oil well in a stable and predictable manner —including in oil wells in high GOR and even in the presence of gas cone and gas skin effects.

The need also exists for a flow restrictor which is easily controlled from the top of the well without significant disruptions in oil production.

SUMMARY OF THE INVENTION

Accordingly, it is an object of the present invention to overcome these and other drawbacks of the prior art by providing novel methods for maximizing oil recovery from an oil well with high GOR.

It is another object of the present invention to provide methods and devices for maximizing oil production from an oil well without the need to adjust the bottomhole parameters with changing reservoir conditions.

It is a further object of the present invention to provide a mathematical model to determine the optimal level of bottomhole pressure for an oil well producing oil at a maximum rate.

It is yet a further object of the present invention to provide a mathematical model for calculating the optimal level of bottomhole pressure to assure the maximum rate of oil production over the lifetime of the oil well.

It is yet another object of the present invention to provide simplified methods of adjusting the bottomhole pressure without accessing the bottomhole tool located at the lower end of the tubing inside the oil well.

Finally, it is an object of the present invention to provide novel methods of extracting oil from thin oil rims of gas reservoirs.

The present invention provides a novel design of a flow restrictor in which the flow of fluids from the reservoir is directed first to a small annular space between the casing and the tubing so as to force the flow along an elongated narrow annular space where the extent of flow resistance is defined by the length of that narrow annular space. In this case, a simple act of raising or lowering the tubing may be used to adjust the length of the narrow annular flow channel, which in turn leads to a change in flow resistance and bottomhole pressure.

The present invention also provides for novel methods of oil recovery from wells with high GOR, and in particular from thin oil rims of gas reservoirs. According to the method, a flow restrictor as described above is installed at the bottom of the tubing and lowered to a position at or below the gas/oil contact at the bottom of the well. Occasional raising or lowering of the well tubing may be used to finetune the bottomhole pressure so as to at least limit the growth or even totally avoid the formation of the gas cone and maintain oil recovery to a greater extent than with conventional techniques.

BRIEF DESCRIPTION OF THE DRAWINGS

Subject matter is particularly pointed out and distinctly claimed in the concluding portion of the specification. The foregoing and other features of the present disclosure will become more fully apparent from the following description and appended claims, taken in conjunction with the accompanying drawings. Understanding that these drawings depict only several embodiments in accordance with the disclosure and are, therefore, not to be considered limiting of its scope, the disclosure will be described with additional specificity and detail through the use of the accompanying drawings, in which:

FIG. **1** is a general side view of the oil well of the prior art,

FIG. **2** is a pressure-flow chart showing a comparison of the prior art Vogel and novel proposed relationship of the bottomhole pressure and the rate of oil production,

FIG. **3** shows an IPR curve overlaid with a GOR curve,

FIG. **4***a* shows a flow restrictor of the present invention in its initial top position in the oil well,

FIG. **4***b* shows the same but with a tubing lowered deeper into the oil well casing causing an increase in flow resistance so as to increase the bottomhole pressure,

FIG. **4***c* shows a position of the flow restrictor further lowered into the oil well casing to further increase the flow resistance,

FIG. **4***d* shows a bottom position of the flow restrictor in the oil well for maximum flow resistance, and

FIG. **5** is an exemplary chart showing a family of IPR curves and optimum bottomhole pressures calculated by a Reservoir Simulator for an oil well over the lifetime thereof.

DETAILED DESCRIPTION OF THE PREFERRED EMBODIMENT OF THE INVENTION

The following description sets forth various examples along with specific details to provide a thorough understanding of claimed subject matter. It will be understood by those skilled in the art, however, that claimed subject matter may be practiced without one or more of the specific details disclosed herein. Further, in some circumstances, well-known methods, procedures, systems, components and/or circuits have not been described in detail in order to avoid unnecessarily obscuring claimed subject matter. In the following detailed description, reference is made to the accompanying drawings, which form a part hereof. In the drawings, similar symbols typically identify similar components, unless context dictates otherwise. The illustrative embodiments described in the detailed description, drawings, and claims are not meant to be limiting. Other embodiments may be utilized, and other changes may be made, without departing from the spirit or scope of the subject matter presented here. It will be readily understood that the aspects of the present disclosure, as generally described herein, and illustrated in the figures, can be arranged, substituted, combined, and designed in a wide variety of different configurations, all of which are explicitly contemplated and make part of this disclosure.

FIG. **4***a* shows a lower portion of the oil well with a casing **12** having a plurality of perforations **16** generally located at the level of the oil layer in the well, which is sandwiched below the gas layer and above the water layer. The upper end of perforations **16** may be positioned at or below the bottom of the gas layer so as to prevent gas from entering the well; the lower end of perforations **16** are generally positioned at or above the water layer so as to prevent water from entering the well also—all this is typically done in order to allow predominantly oil and not gas or water to enter the wellbore so as to maximize oil production from the oil well.

The design for a novel passive (no moving parts of its own) flow restrictor of the invention is shown installed at the lower end of the tubing **10**. In its basic form, the flow restrictor **14** may be a coaxial cylinder positioned outside the tubing **10** such that the inner diameter of the cylinder **14** is generally the same as the outer diameter of the tubing **10**. The lower end of the cylinder may be located at or close to the lower end of the tubing **10**. The size of the cylinder **14** is generally defined by its outer diameter and length. In embodiments, the outer diameter and outer shape of the cylinder may be selected to achieve the width of the annular space (or clearance) **20** formed between the cylinder **14** and the inner diameter of casing **12** to be from about 1 to about 12 mm. In embodiments, the size of the annular space may be about 1 mm, about 2 mm, about 3 mm, about 4 mm, about 5 mm, about 6 mm, about 7 mm, about 8 mm, about 9 mm, about 10 mm, about 11 mm, about 12 mm, or any size in-between.

The length of the cylinder **14** may be selected to be from about 0.1 meter to about 15 meters. In embodiments, the length of the cylinder **14** may be selected to be about 0.1 m, about 0.5 m, about 1 m, about 1.5 m, about 2 m, about 3 m, about 4 m, about 5 m, about 6 m, about 7 m, about 8 m, about 9 m, about 10 m, about 11 m, about 12 m, about 13 m, about 14 m, about 15 m or any length in-between. Specific diameters and length of the cylinder **14** may be selected to allow for the desired range of flow resistance over the lifetime of the oil well, which may be calculated using a mathematical approach described here and in my other patents cited above. In a typical case, the initial flow resistance may be selected to assure a pressure drop of about 1-3 percent of the overall bottomhole pressure. In other embodiments, the initial flow resistance is selected to assure a pressure drop of at least a few atmospheres at the upper position of the device.

Initially, the lower end of the tubing **10** and the lower end of the flow restrictor **14** may be positioned at a top position, which is defined to be at or slightly above the upper end of perforations **16**—as shown in FIG. **4***a*. In this case, the flow resistance of the oil well is at a minimum as all flow from the perforations **16** may enter the tubing **10** easily—see arrows in FIG. **4***a*. This position of the flow restrictor may be used to reduce the bottomhole pressure in the well.

FIG. **4***b* shows a position of the coaxial cylinder **14** and the tubing **10** attached to each other after the lower end of both is lowered further into the well. In this case, the flow resistance of the fluids coming into the tubing **10** through its opening at the bottom is higher than that shown in FIG. **4***a*—as at least some of the perforations **16** are located next to the outer surface of the flow restrictor **14**. This forces at least some fluids to travel down the annular space **20** before entering the inside space of the tubing **10**—as illustrated by arrows in the drawing.

Further lowering the tubing **10** and flow restrictor **14** attached to the outside thereof is illustrated in FIG. **4***c*. In this case, all perforations **16** are facing the outer surface of the flow restrictor **14** so that all fluids from the oil layer exposed to perforations **16** are forced to travel down the annular space **20** for the distance between the lower end of perforations **16** and the lower edge of the flow restrictor **14**. This length now defines the level of flow resistance and as a result the level of the bottomhole pressure in the well. To account for the flow resistance across the flow restrictor **14** in the overall mathematical model of the oil well, one can use well-known equations describing two-phase flows in a narrow channel. One example of such flow modeling in a narrow channel may be found in Brown KE and Beggs HD,

The Technology of Artificial Lift Methods, Vol. 1, Inflow Performance, Multiphase Flow in Pipes, the Flowing Well.

Finally, FIG. **4*d*** shows the bottom position of the flow restrictor **14** where all fluid flow must travel through the longest distance of the annular space **20** as defined by the length of the cylinder **14**, which in this case creates the maximum level of flow resistance of the device. In this case, the upper end of the flow restrictor is located at or slightly below the lower end of perforations **16**. Further lowering of the tubing **10** may not cause any appreciable additional increase in flow resistance and therefore is not considered to be useful for affecting flow conditions at the bottom of the well.

While the cylinder **14** may or may not be located exactly in the center of the casing **12**, in real-life applications the deviation of flow resistance in case of an off-center location of the cylinder **14** are not all that significant and therefore there is no need to provide additional hardware aimed at accurate centering of the cylinder **14** and the tubing **10** inside the casing **12**.

The flow restrictor **14** may be made in a shape other than a coaxial cylinder so as to provide further opportunities to adjust the flow resistance by raising and lowering the tubing **10** inside the casing **12**. For example, the flow restrictor **14** may contain one or more channels adapted to provide a defined geometry pathway for the fluids from the oil well and into the opening of the tubing **10** (not shown). In this case, the total flow resistance would be a combination of the flow resistance through these fixed geometry channels inside the flow restrictor **14** plus the flow resistance inside the annular space **20** between the flow restrictor **14** and the casing **12**. This approach may provide for a finer adjustment of the total resistance to the fluid flow from the oil well.

In further embodiments, the flow restrictor **14** may have a slightly tapered rather than a strictly cylindrical outer surface (not shown). The taper of the outer surface of the flow restrictor **14** may be selected to have the cone of the restrictor **14** to face down—in other words, the smaller diameter of the flow restrictor **14** may be located below the larger diameter thereof. In this case, lowering of the flow restrictor **14** below the portion of the casing **12** containing perforations **16** will cause a more rapid increase in flow resistance than in case of a cylindrical shape of the flow restrictor **14** being lowered below perforations **16**. In other embodiments, the shape of the cone may be reversed so that the opposite effect is achieved—lowering of the flow restrictor **14** below the plurality of perforations **16** will cause a less steep rise in flow resistance as compared with a cylindrical shape of the flow restrictor **14**.

A compounded shape of the outer surface of the flow restrictor **14** is also contemplated to be within the scope of the present invention. Such shape may be developed to provide any desired rate of increase of flow resistance as a function of the length of the flow restrictor **14**, which may be advantageous for certain oil wells. Examples of such compounded shape include an oval shape of the outer surface of restrictor **14**, a double tapered shape (minimal diameter at the top and at the bottom with the maximum diameter in the middle), and so on.

FIG. **5** shows an example of a family of IPR curves calculated using my Reservoir Simulator for a single oil well over the lifetime thereof according to a calculated decline in reservoir pressure. The optimal level of maximum oil production is identified on each IPR curve. All such optimal levels of bottomhole pressure are connected by a curve shown in the drawing.

In the case of this particular chart, a comparison between the ultimate oil recovery under normal conditions was made with the circumstances of using the flow restrictor of the present invention. It was shown that the use of the invention allowed to increase the ultimate recovery index by as much as 5.9% via an increase of oil recovery by about 30,000 barrels while decreasing the production of gas by about 1.2 million cubic feet. The net economic benefit, in this case, assuming the price of oil at $60 per barrel is close to $1.8 MM for this oil well alone.

To lessen the burden of replacement of a conventional flow restrictor, the present invention provides for a simplified flow restrictor **14** in which the flow resistance can be easily adjusted by raising or lowering the tubing **10** by one or a few meters as explained below in greater detail.

According to the present invention, described is a method of adjusting the bottomhole pressure in an oil well with high GOR such as a thin oil rim gas reservoir, with the oil well including a casing extending from a surface down to and below the layer of oil in a hydrocarbon reservoir formation, and a tubing inserted generally concentrically within the casing, the method may include the following steps:

a. providing a flow restrictor attached outside a lower end of the tubing,

b. positioning the tubing with the flow restrictor such that a lower end of the flow restrictor is located at or below an upper end of perforations of the casing allowing fluid flow from reservoir formation to enter the lower end of the tubing,

c. adjusting the bottomhole pressure in the reservoir by inserting or retracting the tubing further into or out of the casing to lower or raise the lower end thereof, thereby causing the fluid to at least partially flow in an annular space formed between the flow restrictor and the casing, a length of the annular space is defined by the position of the tubing with the flow restrictor thereon inside the casing relative to perforations therein.

In embodiments, the position of the flow restrictor may be selected to be at or below a top position thereof and at or above its bottom position. The top position of the flow restrictor is defined by its lower end to be at or slightly above the upper end of perforations in the casing, which are generally made near the top of the oil layer of the reservoir formation. The bottom position is defined by the upper end of the flow restrictor being located at or slightly below the lower end of perforations in the casing, which in most cases define the bottom of the oil layer of the formation. When the flow restrictor is placed in its bottom position, all fluid flow from the reservoir must travel through the narrow annular space between the flow restrictor and the casing before entering the tubing, whereby defining maximum flow resistance and in turn causing a maximum increase in bottomhole pressure.

A preferred position of the flow restrictor may be selected to operate the oil well at a point of maximum oil production as illustrated in FIGS. **2** and **3**. In this case, any deviations from optimal pressures and fluid flows will be self-correcting, causing the point of oil production to return to the maximum level on its own.

It is contemplated that any embodiment discussed in this specification can be implemented with respect to any method of the invention, and vice versa. It will be also understood that particular embodiments described herein are shown by way of illustration and not as limitations of the invention. The principal features of this invention can be employed in various embodiments without departing from the scope of the invention. Those skilled in the art will recognize or be able to ascertain using no more than routine experimentation, numerous equivalents to the specific procedures described herein. Such equivalents are considered to be within the scope of this invention and are covered by the claims.

All publications and patent applications mentioned in the specification are indicative of the level of skill of those skilled in the art to which this invention pertains. All publications and patent applications are herein incorporated by reference to the same extent as if each individual publication or patent application was specifically and individually indicated to be incorporated by reference. Incorporation by reference is limited such that no subject matter is incorporated that is contrary to the explicit disclosure herein, no claims included in the documents are incorporated by reference herein, and any definitions provided in the documents are not incorporated by reference herein unless expressly included herein.

The use of the word "a" or "an" when used in conjunction with the term "comprising" in the claims and/or the specification may mean "one," but it is also consistent with the meaning of "one or more," "at least one," and "one or more than one." The use of the term "or" in the claims is used to mean "and/or" unless explicitly indicated to refer to alternatives only or the alternatives are mutually exclusive, although the disclosure supports a definition that refers to only alternatives and "and/or." Throughout this application, the term "about" is used to indicate that a value includes the inherent variation of error for the device, the method being employed to determine the value or the variation that exists among the study subjects.

As used in this specification and claim(s), the words "comprising" (and any form of comprising, such as "comprise" and "comprises"), "having" (and any form of having, such as "have" and "has"), "including" (and any form of including, such as "includes" and "include") or "containing" (and any form of containing, such as "contains" and "contain") are inclusive or open-ended and do not exclude additional, unrecited elements or method steps. In embodiments of any of the compositions and methods provided herein, "comprising" may be replaced with "consisting essentially of" or "consisting of". As used herein, the phrase "consisting essentially of" requires the specified integer(s) or steps as well as those that do not materially affect the character or function of the claimed invention. As used herein, the term "consisting" is used to indicate the presence of the recited integer (e.g., a feature, an element, a characteristic, a property, a method/process step or a limitation) or group of integers (e.g., feature(s), element(s), characteristic (s), propertie(s), method/process steps or limitation(s)) only.

The term "or combinations thereof" as used herein refers to all permutations and combinations of the listed items preceding the term. For example, "A, B, C, or combinations thereof" is intended to include at least one of: A, B, C, Aft AC, BC, or ABC, and if order is important in a particular context, also BA, CA, CB, CBA, BCA, ACB, BAC, or CAB. Continuing with this example, expressly included are combinations that contain repeats of one or more item or term, such as BB, AAA, Aft BBC, AAABCCCC, CBBAAA, CABABB, and so forth. The skilled artisan will understand that typically there is no limit on the number of items or terms in any combination, unless otherwise apparent from the context.

As used herein, words of approximation such as, without limitation, "about", "substantial" or "substantially" refers to a condition that when so modified is understood to not necessarily be absolute or perfect but would be considered close enough to those of ordinary skill in the art to warrant designating the condition as being present. The extent to which the description may vary will depend on how great a change can be instituted and still have one of ordinary skilled in the art recognize the modified feature as still having the required characteristics and capabilities of the unmodified feature. In general, but subject to the preceding discussion, a numerical value herein that is modified by a word of approximation such as "about" may vary from the stated value by at least ±1, 2, 3, 4, 5, 6, 7, 10, 12, 15, 20 or 25%.

All of the devices and/or methods disclosed and claimed herein can be made and executed without undue experimentation in light of the present disclosure. While the devices and methods of this invention have been described in terms of preferred embodiments, it will be apparent to those of skill in the art that variations may be applied to the devices and/or methods and in the steps or in the sequence of steps of the method described herein without departing from the concept, spirit and scope of the invention. All such similar substitutes and modifications apparent to those skilled in the art are deemed to be within the spirit, scope and concept of the invention as defined by the appended claims.

What is claimed is:

1. A flow restrictor for an oil well, said oil well comprising a casing with perforations located in a reservoir formation to allow oil to flow into said oil well, said casing further contains a production tubing movably positioned within said casing, said production tubing extending to said perforations and configured to transport fluid from said reservoir formation, said flow restrictor has a generally cylindrical shape and is attached to an outside of said production tubing within said casing, said flow restrictor defining an annular space between thereof and said casing, wherein said production tubing and said flow restrictor are positioned at or below said perforations to cause a fluid from said reservoir formation to at least partially flow through said annular space before entering said production tubing, and wherein said flow restrictor is sized to allow for said annular space to be from about 1 mm to about 12 mm in width.

2. The flow restrictor as in claim **1**, wherein said flow restrictor is sized to provide a pressure drop for said fluid flowing therethrough of at least one percent of a bottomhole pressure of said reservoir formation.

3. The flow restrictor as in claim **2**, wherein said flow restrictor is selected to have a length from about 0.1 meter to about 15 meters.

4. The flow restrictor as in claim **1**, wherein said flow restrictor is attached to a lower end of said production tubing.

5. The flow restrictor as in claim **4**, wherein said flow restrictor is attached to said production tubing to align a lower end thereof with the lower end of said production tubing.

6. A method of adjusting a bottomhole pressure in an oil well of a hydrocarbon reservoir formation, said reservoir formation comprising a layer of oil below a layer of gas, said oil well comprising a casing with perforations corresponding to said oil layer and configured to allow oil to flow through said oil well, said oil well further comprising a production tubing extending through said casing to said perforations, said method comprising the following steps:

a. providing a flow restrictor attached outside said production tubing,

b. positioning said production tubing with said flow restrictor with a lower end thereof located at or below said casing perforations to allow fluid flow from said reservoir formation to enter said production tubing,

c. determining said bottomhole pressure and upon detecting of said bottomhole pressure deviating from a predetermined optimal bottomhole pressure, adjusting said bottomhole pressure in the reservoir by inserting or retracting the production tubing further into or out of said casing, thereby causing the fluid to at least partially flow in an annular space formed between said flow restrictor and said casing, a length of the annular space is defined by the position of the production tubing with the flow restrictor thereon inside the casing relative to perforations in said casing.

7. The method as in claim **6**, wherein said flow restrictor is positioned at or between a top position and a bottom position, said top position is defined by a lower end of said flow restrictor to be located at an upper end of said perforations of said casing, said bottom position is defined by an upper end of said flow restrictor to be positioned at or below a lower end of said perforations, in which case all fluid flow from said reservoir formation is directed to flow through said annular space outside said flow restrictor.

8. The method as in claim **7**, wherein adjusting said flow restrictor is accomplished by raising or lowering said production tubing within said casing.

* * * * *

Библиография:

1. Electrician and Electrician, 2010, No. 6, or

Physics for Scientists and Engineers, Volume 2

By Raymond Segway, John Jewett

2. The magnetic moment of the rotating sphere, Roman Parpolak. or

Griffiths, David J. (2007) Introduction to Electrodynamics, 3rd Edition; Prenti Hall – Chapter 5,.Post 36.

3. "Physical quantities", Reference book, M. Energoizdat, 1991, p. 1196, or

Capstones in Physics: Electromagnetism

Wikipedia, free encyclopedia, Ionosphere.

Printed by Books on Demand GmbH, Norderstedt / Germany